Jaime Cuahutemoc R. Negrete

Obstáculos Mecanización Agrícola Mexicana

Jaime Cuahutemoc R. Negrete

# Obstáculos Mecanización Agrícola Mexicana

## Políticas y Leyes de Mecanización Agrícola

Dictus Publishing

**Impressum / Aviso legal**

Bibliografische Information der Deutschen Nationalbibliothek: Die Deutsche Nationalbibliothek verzeichnet diese Publikation in der Deutschen Nationalbibliografie; detaillierte bibliografische Daten sind im Internet über http://dnb.d-nb.de abrufbar.
Alle in diesem Buch genannten Marken und Produktnamen unterliegen warenzeichen-, marken- oder patentrechtlichem Schutz bzw. sind Warenzeichen oder eingetragene Warenzeichen der jeweiligen Inhaber. Die Wiedergabe von Marken, Produktnamen, Gebrauchsnamen, Handelsnamen, Warenbezeichnungen u.s.w. in diesem Werk berechtigt auch ohne besondere Kennzeichnung nicht zu der Annahme, dass solche Namen im Sinne der Warenzeichen- und Markenschutzgesetzgebung als frei zu betrachten wären und daher von jedermann benutzt werden dürften.

Información bibliográfica de la Deutsche Nationalbibliothek: La Deutsche Nationalbibliothek clasifica esta publicación en la Deutsche Nationalbibliografie; los datos bibliográficos detallados están disponibles en internet en http://dnb.d-nb.de.
Todos los nombres de marcas y nombres de productos mencionados en este libro están sujetos a la protección de marca comercial, marca registrada o patentes y son marcas comerciales o marcas comerciales registradas de sus respectivos propietarios. La reproducción en esta obra de nombres de marcas, nombres de productos, nombres comunes, nombres comerciales, descripciones de productos, etc., incluso sin una indicación particular, de ninguna manera debe interpretarse como que estos nombres pueden ser considerados sin limitaciones en materia de marcas y legislación de protección de marcas y, por lo tanto, ser utilizados por cualquier persona.

Coverbild / Imagen de portada: www.ingimage.com

Verlag / Editorial:
Dictus Publishing
ist ein Imprint der / es una marca de
AV Akademikerverlag GmbH & Co. KG
Heinrich-Böcking-Str. 6-8, 66121 Saarbrücken, Deutschland / Alemania
Email / Correo Electrónico: info@dictus-publishing.eu

Herstellung: siehe letzte Seite /
Publicado en: consulte la última página
**ISBN: 978-3-8473-8661-2**

# OBSTÁCULOS A LA MECANIZACIÓN AGRÍCOLA EN MÉXICO.

**AL AMOR DE MI VIDA**

**MARIA DEL REFUGIO**

INDICE

## 1.-INTRODUCCIÓN

La mecanización agrícola , tal como la entiende la FAO abarca la fabricación ,distribución y funcionamiento de todos los tipos de herramientas ,aperos,, máquinas y equipo para el fomento de tierras, producción agrícola, recolección de cultivos y elaboración primaria. La importancia de la mecanización agrícola en el desarrollo es por lo tanto incuestionable. Sin embargo, los efectos que se consiguen con los programas en desarrollo dependen del éxito con que se empleen los distintos tipos de tecnología existentes.

La mecanización agrícola es fundamental en el incremento de la producción, puesto que permite aumentar el área cultivada, mejorar las técnicas del cultivo, bajar los costos y dignificar el trabajo humano ,para llevar a cabo la dicha mecanización el pequeño agricultor necesita fuentes de energía económicas, prácticas, de fácil mantenimiento y operación, y cuya capacidad de trabajo y costos sean apropiados al tamaño del predio.

A través de la mecanización se promueve el crecimiento económico, mediante mayores rendimientos por hectárea y ampliación del área cultivada, ya sea por la incorporación de nuevas tierras o por la posibilidad de realizar más de una siembra por año, en una misma unidad de superficie.

El proceso de mecanización agrícola puede tener amplias repercusiones tanto en la economía de las distintas explotaciones como en la de naciones y regiones enteras, y puede contribuir de muchas maneras al crecimiento agrícola y económico. Algunos de sus beneficios , como los aumentos de los rendimientos , se ha exagerado con frecuencia en tanto que otros , como los precios mas bajos de los alimentos que se derivan de costos mas bajos de producción ,por lo general no se han tomado en cuenta Binswanger 1988

Por ello es necesario eliminar los obstáculos para que se pueda desarrollar esta sin contratiempos y que a la brevedad posible los países en desarrollo puedan disfrutar de sus beneficios y sus agricultores prosperen.

Se trata este libro de una obra donde el autor expone sus ideas sobre la mecanización agrícola en México, principalmente tratando de descifrar las complejidades alrededor de este tema , principalmente en relación a como se dio en otras partes del mundo , como se encuentra en la actualidad y que rumbo debe tomar en el país.

Para que el sector Agropecuario de nuestro país realmente pueda salir de la situación actual de baja rentabilidad y pobreza ,es necesario fomentar la mecanización agrícola para aumentar principalmente su productividad , el primer paso es estudiar las limitaciones a esta , para así replantear las acciones a seguir en el futuro en la implantación de las estrategias mas viables y así llegar a un consenso en la toma de decisiones y no seguir cometiendo los errores del pasado.

En el capitulo 2 se introduce al lector en la mecanización agrícola, pasando posteriormente en el capítulo siguiente a realizar un análisis de las políticas aplicadas al sector. En el capítulo 4 se discuten los obstáculos a la mecanización de la agricultura en nuestro país.

Finalmente en el capítulo final el autor propone una ley que daría el marco legal para eliminar los obstáculos.

## 2.-CONCEPTOS Y NIVELES DE MECANIZACIÓN AGRÍCOLA

### 2.1 CONCEPTOS

El ser humano, inteligente, pero poco potente para la realización de trabajos tan arduos y poco atractivos como son muchas de las faenas agrícolas, ha buscado desde la antigüedad el desarrollo de máquinas que le sustituyan mejorando de esta forma su calidad de vida. El término Mecanización Agrícola indica la realización con máquinas y mecanismos de los trabajos que en el campo en otros tiempos se hacían con fuerza animal o mediante la actividad del hombre.

Comprende tanto el empleo de los medios técnicos existentes, desde el simple azadón hasta las máquinas automatizadas que reciben información desde un satélite, para aliviar el trabajo humano en el desarrollo de la producción agrícola y su posterior elaboración o almacenamiento, y no es simplemente la sustitución de la fuerza animal o humana por máquinas, dentro del proceso productivo agrícola, sino que éste abarca desde la utilización de herramientas de preparación del suelo hasta el almacenamiento y procesamiento en todos sus niveles ,según la fuente de energía empleada (humana, animal o mecánica)

 Se puede definir a la mecanización agrícola como el proceso en el cual la energía mecánica es puesta al servicio de la producción agraria, ofreciendo la oportunidad de realizar en menor tiempo todo tipo de tareas, como por ejemplo pulverizaciones, labranza, siembra, desmalezado, manejo de la cosecha entre otros.

En la actualidad no es posible pensar en una producción moderna y económica sin la intervención de equipos mecánicos que reduzcan o faciliten las tareas rurales, asimismo la mecanización de éstas ayuda a satisfacer el hambre de los oprimidos y los libera de los grandes esfuerzos de trabajo en el campo.

Abarca en su acepción más general, la sustitución del trabajo humano por maquinaria del más diverso tipo en las diferentes operaciones agrícolas. Grosso modo, esa sustitución se lleva a cabo en tareas con requerimientos energéticos tanto estacionarios (el bombeo de agua ,el secado de granos ,etc.)

como móviles (las prácticas agrícolas en general o el transporte).(Masera 1990).

Es el uso racional de los medios mecánicos en el proceso de producción agrícola haciendo al hombre un mejor usuario de sus energías. Se entiende que los medios pueden ser de tracción animal, motorizados y automatizados, que pueden intervenir en el contexto de la producción, procesamiento, transporte y mercadeo de productos agrícolas, preservando el concepto de agricultura sostenible.

Permite hacer el trabajo de campo en forma oportuna, reduce la mano de obra por unidad de trabajo y contribuye a obtener más y mejores cosechas.

En la terminología usada en el área de la mecanización , hay una confusión en los conceptos motorización , tractorización y mecanización , por ello precederemos a definir cada uno de esos conceptos.

MECANIZACIÓN es la introducción de máquinas y mecanismos en un sistema agrícola e incluye la introducción de implementos tanto para tracción animal como motorizada.

MOTORIZACIÓN es la introducción de motores en un sistema agrícola y comprende la introducción de máquinas movidas a motor.

TRACTORIZACIÓN es la introducción de tractores en un sistema agrícola .

TRACCIÓN MECÁNICA es la tracción provista por máquinas motorizadas (tractores y motocultores) .

TRACCIÓN ANIMAL es la tracción provista por animales.

LABRANZA MECÁNICA es la labranza por implementos

tanto de tiro animal como maquinas motorizadas Así la motorización de la agricultura concierne al uso de maquinaria movida a motor para llevar a cabo actividades agrícolas y en más detalle comprende el uso de;

Tractores , sus implementos , equipos y otras maquinas autopropulsadas

Motocultores y otros motores especializados

Motores para máquinas estacionarias.

## 2.2. NIVELES DE MECANIZACIÓN

se pueden distinguir tres niveles técnicos ; manual, animal y motorización, además surgen tres niveles de uso partiendo del concepto de mecanización agrícola a saber:

a)Muy pequeñas explotaciones operadas manualmente con herramientas sencillas.

b)Pequeñas explotaciones operadas con tracción animal o con tractores de un solo eje (motocultor).

c)Medianas a grandes explotaciones donde se utilizan diversidad de máquinas para realizar las operaciones agrícolas.

y así mismo emergen además 5 diferentes tipos de mecanización;

1.-Herramientas de mano

2.-Tracción animal

3.-Mecanización simple

4.-Mecanización a motor

5.- Tecnología sofisticada (agricultura de precisión, robots agrícolas ,y sistemas expertos agropecuarios)

Se discute a continuación solo la mecanización simple , ya que es una etapa que no se llevo a cabo en nuestro país.

## 2.2.1.MECANIZACIÓN SIMPLE

En los países desarrollados hubo una etapa de transición entre la tracción animal y la motorización, y comúnmente se confunde mecanización con motorización , analizando la palabra mecanización proviene de mecanismo no de motor, es decir se puede considerar que la agricultura esta mecanizada por el uso de mecanismos no por el uso de motores , por eso en los países en desarrollo la mecanización de la agricultura no se ha difundido como en los países industrializados por que no pasaron por esa etapa de transición , sino que se quiere implantar la motorización súbitamente , y esto da origen a un debate sobre la conveniencia o no de la tracción animal , pues el problema no es la tracción animal sino los implementos agrícolas ,que cuentan con mecanismos, ya que se sigue usando el arado de madera que se invento hace más de 3000 años en la Mesopotamia , y en 1771, se fabricó el primer arado completamente de hierro, y a partir de entonces su perfeccionamiento fue continuo , por ejemplo en 1819 Jethro Wood patento un arado de hierro con partes intercambiables.

No se siguió en nuestro país el proceso de modernización de los arados como se dio en los demás países del mundo, como por ejemplo Argentina ,en donde se remonta el uso de modernos arados al año 1878, año en que Nicolás Schneider comienza a fabricarlos en Esperanza ,Santa Fe, Argentina .

El arado de asiento, de una sola reja pero de mayor ancho de trabajo substituyó al de mancera hacia fines del siglo XIX, en países desarrollados, haciendo más cómodo y descansado el trabajo. Basta tener presente que un arado de mancera con una reja de 12 pulgadas, o sea 30 cm de ancho, requiere nada menos que una caminata tras el arado de algo más de 33 km para arar una sola hectárea, para comprender el ahorro de esfuerzo que aparejó el arado de este tipo (Frank 2004) . Y así nunca se llego a impulsar el uso de el arado sobre un bastidor que tiene muchas ventajas sobre el arado de madera, en el que el agricultor va sentado. El arado y la rueda formaron el equipamiento básico de la agricultura durante los siglos de la Antigüedad y la Edad Media, y la maquinaria a disposición de los agricultores era muy escasa, hasta el siglo XVIII, en que empezaron a introducirse máquinas como la sembradora, inventada en España por José Lucatelo, y conocida en Europa como "sembradora española", y posteriormente en 1795 James Cook invento su sembradora mejorada.

También se usaba en la cosecha una segadora de tiro animal, jamás usada masivamente en México , inventada por McCormick en 1834. Entre la fabricación de la primer segadora y su difusión masiva en los países industrializados transcurrieron 20 años, tiempo durante el cual se introdujeron mejoras técnicas que la hicieron económicamente accesible.

Si bien es sabido, es conveniente recordar empero que una innovación tecnológica es una causa necesaria pero no suficiente para que el productor la adopte. Para la adopción es necesario - obviamente- que sea económica. Existen numerosos testimonios en diferentes épocas de disponibilidad de tecnología no adoptada por no ser aún económicamente conveniente, o al revés, de una rápida adopción por su evidente ventaja económica,( Frank. .2004)pero en nuestro país no se promovió la introducción de máquinas agrícolas no por sus ventajas económicas o no , sino por la falta de visión .En la cosecha de forrajes existió también una segadora de tiro animal.

Tampoco en México se difundieron las grandes cosechadoras tiradas por grandes troncos de animales (hasta 40 caballos o mulas luego por uno o dos tractores de vapor),y accionada por medio de sus propias ruedas e introducidas en California hacia 1880 y que en Argentina producen la primera cosechadora de remolque para tiro animal en 1922 Juan y Emilio Senor.

Y así por el estilo hay multitud de ejemplos de implementos con mecanismos avanzados de tracción animal que jamás se difundieron en gran escala en nuestro país, así al querer implantar la motorización se tienen dificultades, es decir es incomprensible que durante tantos años no se hayan introducido los mecanismos en la agricultura mexicana , mecanismos que hace dos siglos fueron inventados y que aun en nuestros días no se ven en los campos del país.

El proceso mecanizador abarco el norte del país donde tuvo preponderancia la maquinaria agrícola movida por semovientes como fue el caso de las cortadoras , los arados mecánicos y otros implementos agrícolas movidos con tracción animal , este proceso se vio limitado por la Revolución Mexicana y con la reforma Agraria posterior.(Cruz 2001)

Es hasta 1987 en México que el pequeño agricultor tiene a su disposición implementos de tracción animal mejorados como el yunticultor , la barra múltiple , y otros (Sims citado por Cruz 2001).

El yunticultor es un equipo multiusos consistente de un chasis montado sobre dos ruedas con nivelación independiente de profundidad, que cuenta con : una barra porta implementos donde son acopladas las herramientas de labranza, y sistema de levante para sacar los implementos de su posición de trabajo, además de un asiento donde el operador puede ir sentado.( Campos . 2003).

La multibarra es un equipo multiusos de tracción animal consistente en un timón con mancera donde pueden ser acoplados diferentes herramientas e implementos. Tales como sembradora, arado, cultivadoras, rastra, etc. cuenta además con un sistema de peine vertical y lateral que permite el ajuste del tiro de fuerza de los animales modificando con esto la profundidad de trabajo. La mancera ajustable facilita la altura de maniobrabilidad de los implementos.( Campos 2003).

Lamentablemente no se ha dado un apoyo gubernamental decidido para el desarrollo y difusión de estos dispositivos , y su impacto solo ha sido local o regional.(Masera1990).

## 2.3.-OBJETIVOS E IMPORTANCIA DE LA MECANIZACIÓN AGRÍCOLA
### 2.3.1 OBJETIVOS
Los objetivos de la mecanización agrícola son:

*a. –aumentar la productividad por agricultor*

La relación entre lo producido y lo insumido por una unidad económica para la elaboración de un bien o servicio se denomina como productividad, y la productividad en la agricultura puede ser aumentada mediante muchas formas ; la utilización de semillas mejoradas , la aplicación de fertilizantes , insecticidas , y otros agroquímicos ,nivelación de tierras , irrigación de las mismas etc. Otra forma de inversión de capital que llega a ser de las que más aumentan la productividad es la mecanización.

Así mismo la mecanización de la agricultura no solo aumenta la productividad del factor tierra y capital ,sino también del trabajo , directa e indirectamente.

Directamente las horas trabajadas , al mecanizar cualquier labor agrícola , no solo se reducen sino que tienen como resultante , una producción mayor .

Indirectamente las horas ahorradas de trabajo permiten la utilización de los factores productivos en otras labores que ayuden a elevar el ingreso material o intelectual de los trabajadores agrícolas.

La mecanización, el mejoramiento genético, la aplicación de agroquímicos y modificaciones de la técnica de cultivo han sido factores decisivos en el aumento de la productividad del trabajo agrícola. Esto se manifiesta en el largo plazo a través de una reducción en el insumo de trabajo por hectárea (horas hombre/ ha) y correlativamente en un aumento de la productividad del trabajo (cantidad de producto/hora-hombre. empíricamente, esto es un hecho bien conocido. Sin embargo, muy poco se ha hecho para cuantificar esta evolución. Esto se debe a la carencia de estadísticas al respecto y a la circunstancia que sus efectos sólo se ponen en evidencia si se considera un período de tiempo relativamente prolongado.(Frank .2004)

Cualquier inversión en la mecanización tendrá como resultado una mayor producción a menor costo , dentro de los límites de la ley de rendimientos decrecientes , (o ley de proporciones variables), que describe las limitaciones al crecimiento de la producción cuando, bajo determinadas técnicas de producción aplicamos cantidades variables de un factor o una cantidad fija de los demás factores de la producción. El principio de los rendimientos decrecientes, puede expresarse en los siguientes términos:

" Dadas las técnicas de producción, si a una unidad fija de un factor de producción le vamos añadiendo unidades adicionales del factor variable, la producción total tenderá a aumentar a un ritmo acelerado en una primera fase, a un ritmo más lento después hasta llegar a un punto de máxima producción y de ahí en adelante la producción tenderá a reducirse".

Así mismo es importante resaltar que los demás formas de aumentar la productividad ; semillas mejoradas , fertilización , etc. difícilmente podrán realizarse , o por lo menos no son tan eficientes sino se aplican con las ventajas que tiene el realizarlas con maquinaria agrícola.

*b.- Cambiar el carácter del trabajo agrícola mejorando así su ergonomía haciéndolo menos arduo y más atractivo*

Es innegable que la mecanización de la agricultura permite entre otras cosas , reducir al mínimo la penosidad en la realización de las tareas agrícolas , que los métodos tradicionales imponen , además de aumentar de forma espectacular el rendimiento del trabajo ,las áreas de los cultivos , y sus consecuentes producciones , y una fuertísima reducción de población activa agrícola que , en los países más evolucionados , se transfirió para otros sectores con perspectivas de vida más alicientes

*c.- Realizar las labores en los sistemas de producción con la máxima eficiencia y la mejor calidad. (Cadena, 1999 citado por Cadena 2003).*

## 2.3.2 IMPORTANCIA

Los países de América Latina y el Caribe están enfrentados a la necesidad de:

i) aumentar rápidamente la producción agropecuaria;

ii) mejorar la calidad y reducir los costos de los productos, para que éstos sean compatibles con el bajo poder adquisitivo de la mayoría de los consumidores nacionales y competitivos en los mercados internacionales;

iii) mejorar los ingresos de los agricultores;

iv) generar empleos y ofrecer atrayentes condiciones de vida para las familias rurales en su propio medio, y con ello disminuir el éxodo rural.

Para lograr lo anterior, es absolutamente indispensable promover la modernización del sector agropecuario y la tecnificación de la agricultura, volviéndola más productiva, eficiente, rentable y competitiva. Si no se moderniza el sector agropecuario y no se tecnifica la agricultura, ninguno de los desafíos antes mencionados podrá ser enfrentado con éxito; esta necesidad es tan evidente, que está fuera de discusión. Además, es preciso llevar a cabo esta modernización en forma equitativa, es decir, hacerlo de manera tal que todos los agricultores tengan reales oportunidades de beneficiarse de estos avances tecnológicos; porque sólo así, todos ellos podrán hacer un aporte al desarrollo nacional con la eficiencia que exigen los tiempos modernos.

El desarrollo y el progreso agrícola dependen en gran medida de la disponibilidad de potencia por unidad de superficie que disponga cada país o región. La provisión adecuada y oportuna de potencia motriz agrícola, es una condición esencial para que el proceso de producción agrícola sea eficaz(Reina 2004).Así mismo la mecanización agrícola adquiere una importancia vital para el desarrollo de un país , ya que el trabajo del hombre y de los animales con los rudimentarios aperos que utilizaban solo permitía que un operario agrícola produjera alimentos para 2 o 3 personas más. Al aumentar la población mundial esto fue insostenible, lo que llevó al hombre a la mecanización de las tareas agrícolas. Este es un proceso altamente poderoso para mejorar la producción tradicional y las condiciones de vida. Resultado de la mayor eficiencia de las fuentes de energía técnica (motores) comparada con la potencia muscular humana y de los animales, los procesos mecánicos hacen posible realizar el trabajo en la producción no solamente con menor esfuerzo y estrés físico, pero al mismo tiempo más rápido, mejor, de una manera más moderna y con bastante éxito. Uno de los sectores que más a evolucionado en la agricultura contemporánea es el de la maquinaria agrícola. La mecanización transforma los campos donde se mezclan el sudor de los hombres y animales , en empresas agrícolas donde el hombre realiza un trabajo digno y sin gran esfuerzo corporal ,reduciendo sustancialmente la mano de obra eventual (Ortiz-Cañavate 1989) .El país que pone atención en el desarrollo de su propia maquinaria agrícola tiene un nivel de vida diferente de aquel que no toma en cuenta lo anterior , ya que es el detonante del progreso de su pueblo, pues no solo impulsa la agricultura y ganadería sino que coadyuva al desarrollo industrial al proveer de herramientas ,motores y máquinas para la actividad agropecuaria .

## 3.- POLÍTICAS DE MECANIZACIÓN AGRÍCOLA EN MÉXICO
### 3.1 Introducción

Las políticas de mecanización se definen como aquellas medidas gubernamentales, tanto directas como indirectas, que influyen en las decisiones de los agricultores y de terceros sobre la selección de fuentes de energía y de las máquinas e implementos en los que se utilizara esa energía, también se abarca al comercio internacional,y el desarrollo de la industria de la maquinaria agrícola de los países. (Binswanger 1988 )

La importancia de la mecanización agrícola en el desarrollo es por lo tanto incuestionable. Sin embargo, los efectos que se consiguen con los programas en desarrollo dependen del éxito con que se empleen los distintos tipos de tecnología existentes.

La mecanización agrícola es fundamental en el incremento de la producción, puesto que permite aumentar el área cultivada, mejorar las técnicas del cultivo, bajar los costos y dignificar el trabajo humano, para llevar a cabo dicha mecanización el pequeño agricultor necesita fuentes de energía económicas, prácticas, de fácil mantenimiento y operación, y cuya capacidad de trabajo y costos sean apropiados al tamaño del predio.

Según Ramírez 2007 debido a la estructura agraria del país es inviable la modernización del minifundio con paquetes tecnológicos intensivos en capital, por dos razones fundamentales; primero, la maquinaria agrícola esta diseñada para cultivar grandes extensiones de tierra y permanecería ociosa la mayor parte del ciclo agrícola, y por otro lado las pequeñas unidades de producción son incapaces de generar los recursos necesarios para capitalizarse.

A través de la mecanización se promueve el crecimiento económico, mediante mayores rendimientos por hectárea y ampliación del área cultivada, ya sea por la incorporación de nuevas tierras o por la posibilidad de realizar más de una siembra por año, en una misma unidad de superficie .Lo anterior debería replantear las políticas públicas a promover, las cuales deberían fomentar la investigación, docencia y desarrollo de maquinaria agrícola congruente al tamaño promedio de las propiedades agrícolas en el país. (Negrete 2006)

Las políticas de mecanización agrícola mas comúnmente aplicadas son:

**1**.-Crédito para compra de maquinaria agrícola a tasas de interés subvencionadas

**2**.-Subsidio al precio de los combustibles

**3**.-Sistema de aranceles y derechos aduaneros (supresión o minimización)

**4**.-Deducciones impositivas respecto de su costo.

**5**.-Límites a la proliferación de marcas

**6**.-Discriminación arancelaria a los repuestos

**7**.-Participación del sector público en la fabricación de maquinaria agrícola .

**8**.-Fijación de normas industriales y estandarización de los  componentes.

**9**.-Apoyo público a la capacitación de operadores de maquinaria agrícola y personal de servicios.

**10**.-Control a los precios de Maquinaria agrícola

**11**.-Legislación respecto al porcentaje de contenido de partes nacionales de las armadoras de maquinaria agrícola extranjeras.

**12**.-Legislación sobre la obligación de los fabricantes de mantener un stock durante el promedio de vida útil de la maquinaria agrícola.

**13**.-Suministro de servicios de investigación,  docencia , y extensión en maquinaria agrícola.

**14**.-Fomento de la industria nacional de maquinaria agrícola

**15**.-Planes gubernamentales de alquiler de maquinaria agrícola para labranza y otras operaciones agrícolas

**16**.- Subsidio para el mercado de capitales para estimular la mecanización debida a la disminución del precio de los bienes de capital importados y nacionales.

**17**.-Suministro de servicios de evaluación, pruebas y certificación de maquinaria agrícola

**18**.-Creación del departamento de maquinaria Agrícola en La secretaria de agricultura


3.2  Políticas de Mecanización Agrícola en México

No obstante que padecemos de una ausencia de políticas bien definidas que estimulen la mecanización agrícola Aguirre 1969,  es necesario promoverla

,siendo fundamental el análisis de las políticas usadas en otros países en los que han dado resultados e implementarlas en los países en desarrollo.

Según Pellizi 2000 citado por Ortiz 2002, cada país debe basar su política de mecanización en;

**a**.-una definición de los niveles de mecanización más acordes con los factores técnicos y económicos.,

**b**.-La creación de la infraestructura necesaria para el desarrollo  de una industria  agro-mecánica  local sólida por medio de alianzas con industrias bien establecidas en los países industrializados.

**c**.-Una definición de los criterios  aplicados a estandarización de La producción

**d**.-El establecimiento de una red  eficiente de servicio para la reparación y mantenimiento en  el país.

**e**.-La promoción de programas de entrenamiento profesional tanto en el ámbito agrícola como en la fabricación

Así mismo no solo no ha habido una política clara de fomento a la mecanización sino todo lo contrario, pues a partir de 1941 el gobierno federal decidió dar un giro hacia la industrialización del país (Espadas 2005), y se inicia la política de sustitución de importaciones en la que el sector agrícola tiene que financiar el desarrollo del sector industrial.

En México se han implementado las siguientes políticas de mecanización agrícola;

**-Crédito para compra de maquinaria agrícola a tasas de interés subvencionadas**

La historia de la política de mecanización en México se remonta, por lo menos hasta 1918,en este período se importaron de Estados Unidos 112 tractores que fueron cedidos , a precio de costo , a los agricultores privados.

Desde entonces y hasta finales de los años treinta,  la mecanización avanzo muy poco. A partir del sexenio de Ávila Camacho, sin embargo se dio un impulso decisivo a la introducción de tractores y, en genera,a la modernización de los instrumentos de trabajo agrícola ; se otorgaban subsidios de hasta 50 % en el precio de la maquinaria agrícola , y una parte sustancial de los créditos agrícolas a largo plazo se dirigía a la compra de tractores (.Hewitt ,1978 citado por Masera 1999.)

En el periodo de Miguel Alemán se fortaleció y amplio este programa. Entre 1940 y 1970 los tractores se introdujeron principalmente en los distritos de riego. Particularmente desde 1974, y hasta 1981 , cuando se reorientaron las políticas agrícolas para favorecer la agricultura de temporal , el número de tractores en México tuvo un incremento de 8.7 % anual .(Link ,1985 citado por Masera, 1999 con esta política aplicada en el país de manera recurrente solo se beneficia a los pocos fabricantes de tractores e implementos, así como a los agricultores que poseen grandes extensiones de terreno , pues la maquinaria ofertada solo es rentable para dichas propiedades.

**Subsidio al precio de los combustibles**

Durante los años setenta la mecanización del agro fue apoyada por medio de subsidios a los combustibles y subsidios en forma de créditos el número de tractores tuvo un incremento sostenido, pero a partir de 1982 se comenzó a ver la otra cara de la moneda ,en efecto , una vez que el apoyo crediticio oficial se redujo considerablemente (Villa Isa 1988 , González 1988 citados por Masera 1990) y que se retiraron los subsidios a los combustibles , los costos de inversión y operación a los tractores subieron en forma vertiginosa y la mecanización entro en un periodo de crisis.

**Participación del sector público en la fabricación de maquinaria agrícola**

La primera participación del sector público en la fabricación de maquinaria agrícola fue la que se realizó en la fabrica de implementos agrícolas "Mecánico Industrial" apoyada económicamente por el gobierno, posteriormente se convirtió en una cooperativa de participación estatal, inicio operaciones a partir de 1935, fabrica sobre equipada, con altos gastos de amortización produjo arados, y posteriormente sembradoras de un solo surco. La planeación y funcionamiento fueron deficientes debido a la administración obrera sin directores preparados y autoridades que la refaccionaron sin conocer los procesos de fabricación ,y esto origino que la única fabrica expresamente planeada para producir implementos agrícolas no respondió a las necesidades que motivaron su creación .(Gleason 1943 ).Posteriormente en el país el estado incursiono infructuosamente en la fabricación de tractores a través de

Siderúrgica Nacional S.A. con el tractor de origen soviético T-25 Vladimir, del cual produjo más de 17,000 pequeños tractores entre 1970 Y 1989 . Desafortunadamente no se preocupo por el servicio y el abasto de refacciones para estos tractores lo que dio como resultado que muchos de estos terminaran parados por falta de repuestos.

**Fijación de normas industriales y estandarización de los componentes**

Para impulsar la mecanización agrícola en el país se requiere que la maquinaria y equipo agrícola que se comercializa en el mercado esté regulado por determinadas normas de calidad que aseguren su desempeño, funcionamiento y durabilidad. Estas normas de regulación contemplan todo un proceso que inicia con la aplicación a los equipos de las pruebas y evaluaciones correspondientes y que, para ser completo y exitoso ,debe concluir con la certificación de los mismos.

En respuesta a esta necesidad de certificación de la maquinaria y equipo agrícola, el Instituto Nacional de Investigaciones Forestales Agrícolas y Pecuarias creó el Organismo de Certificación de Implementos y Maquinaria Agrícola (OCIMA), el cual tendrá la responsabilidad de llevar a cabo la certificación de dichos equipos, acorde con las normas mexicanas vigentes. Con la participación de los principales actores involucrados en el proceso de certificación y construcción de maquinaria y equipo agrícola, el 27 de Septiembre del 2004, se instaló el Comité Rector del OCIMA, con lo cual se dio inicio oficialmente a las operaciones de este Organismo. La Presidencia de dicho comité está representada oficialmente por la Confederación de Fundaciones Produce (COFUPRO), las Vice Presidencias por el Consejo Nacional Agropecuario (CNA), la Sección 113 de la CANACINTRA, la Asociación Mexicana de Secretarios de Desarrollo Agropecuario (AMSDA), la SAGARPA y el propio INIFAP, mientras que las Vocalías están representadas por el representante no gubernamental de la Comisión de Sistemas Producto, Case-New Holland de México, Industrias John Deere de México, Agco México, un representante de los fabricantes de implementos, la Universidad Autónoma Agraria Antonio Narro (UAAAN), la Universidad Autónoma Chapingo (UACH) y la Asociación Mexicana de Ingeniería Agrícola (AMIA). La Secretaría Ejecutiva está representada por la Directora del OCIMA.

Fue hasta el 2002 que en país se estableció la primera norma en lo que se refiere a maquinas agrícolas específicamente en sembradoras y fue la norma NMX_-O-168-SCFI-2002 , mas adelante se establecieron las normas NMX para tractores agrícolas que son: Determinación de la potencia a la toma de fuerza (NMX-O-169-SCFI-2002), determinación de potencia y fuerza de tracción a la barra de tiro (NMX-O-203-SCFI-2004), determinación de potencia y fuerza de levante hidráulico al enganche de tres puntos (NMX-O-207-SCFI-2004) , cabinas y marcos de seguridad (NMXO- 181-SCFI-2003).

Mas adelante se certificaron las siguientes normas: Desgranadoras de maíz (NMX-O-216-SCFI- 2004), trilladoras de fríjol (NMX-O-221-SCFI-2004) y sembradoras neumáticas (NMX O 222-SCFI-2004). INIFAP 2009 .

**Suministro de servicios de investigación, docencia, y extensión en maquinaria agrícola**

En investigación el Instituto Nacional de Investigaciones Forestales y Agropecuarias (Inifap) en México, estableció programas destinados al mejoramiento de los implementos de tracción animal en el campo experimental de Cotaxtla,Ver. desde inicios de los ochenta .lamentablemente no se ha dado un apoyo gubernamental decidido para el desarrollo y difusión de estos dispositivos y su impacto solo ha sido local o regional (Masera 1990).En otros aspectos de máquinas e implementos agrícolas solo son algunas investigaciones realizadas aisladamente y sin la mayor relevancia..Es más importante este aspecto en la realización de tesis de licenciatura principalmente en las instituciones que cuentan con programas de docencia en el área la cual se inicio en 1976 por la Universidad Nacional Autónoma de México , siguió en 1979 la Universidad Agraria Antonio Narro y la Universidad de Guanajuato , y al último en 1983 la Universidad Autónoma Chapingo. Siendo esta última la que cuenta actualmente con los tres niveles de docencia con especialidad en mecanización agrícola, a nivel licenciatura, maestría y doctorado.

La Universidad Autónoma de Morelos con la carrera de Ingeniero en Maquinaria y Equipo Agrícola aunque a fines de los noventa le cancelo, y la Facultad de Agronomía de la Universidad Autónoma De Nuevo León. Impartió la carrera de ingeniería agrícola  de 1998 a 2006 con la  especialidad de potencia agrícola, que es la que maneja la mecanización agrícola.

Inexplicablemente el  Colegio de Postgraduados  no solo suspendió la maestría en maquinaria agrícola ,a tres años de su inicio  en 1996 , logrando tan solo la inscripción de 11 alumnos   , sino que no fue pionera de la docencia e investigación en esta rama de la agronomía como le correspondía , lo que da una idea del interés del centro de investigación más grande del país en lo que a tópicos  agropecuarios  se refiere   , en el desarrollo de la mecanización de nuestra agricultura.

Los pequeños países tienden a tener mercados limitados y los países en desarrollo generalmente presentan mercados agrícolas imperfectos debido a su limitada infraestructura, compañías exportadoras monopsónicas o a las intervenciones del gobierno. Estos países no son capaces de generar suficiente demanda para justificar la investigación del sector privado. Por esta razón, la intervención del sector público tendrá que jugar un rol importante en la generación y transferencia de  la tecnología mecánica agrícola.    Las necesidades de los productores de bajos recursos son generalmente ignoradas por la investigación del sector privado. Ya sea porque ellos no constituyen una producción suficientemente atractiva para justificar el interés de las asociaciones de productores, o porque sus sistemas de producción son bastante diferentes a los empleados por los grandes productores. Así, el tipo de investigación en los productos que ellos pueden ejecutar no es adecuado para las necesidades de los agricultores de bajos recursos. La investigación del sector público debe   proveer una fuente alternativa y un tipo de tecnología alternativa absorbiendo los costos de dichas investigaciones para la promoción del sector privado. Las tecnologías mecánicas  siempre han sido lideradas por el  sector privado. Los requerimientos de capital, patentes y secretos comerciales han proveído al sector privado cierta ventaja comparativa. El éxito en estas áreas tecnológicas también depende de la vinculación entre el desarrollo tecnológico y las políticas macroeconómicas como la política industrial. Por ejemplo, el desarrollo del tractor y sus partes en Brasil fue colateral a la estrategia nacional de desarrollar una industria de automóviles y camiones. Esta industria comenzó con una adaptación local de maquinaria importada, luego produjo partes y terminó diseñando y produciendo el tractor.

Es un hecho irrefutable que no se han llevado a cabo en el país, en forma sistemática, proyectos de investigación y desarrollo de tecnología mecánica para la agricultura. Resultaba más barato comprar equipos y negociar licencias de fabricación de máquinas diseñadas para las condiciones de otros países (Ortiz 2002).

No existe tampoco un instituto de investigación en mecanización agrícola, tan solo se hacen intentos de investigación en mecánica agrícola por la unidad de ingeniería y mecanización agrícola del INIFAP y las universidades que cuentan con docencia a nivel licenciatura y postgrado en mecanización agrícola sin existir un organismo que coordine y dirija estos esfuerzos.

Existe una coordinación limitada entre las instituciones de investigación y la industria de fabricación de maquinaria agrícola, lo cual ha propiciado que el desarrollo de tecnología mecánico agrícola nacional se encuentre con un bajo nivel tecnológico. La industria debe reconocer el importante papel que desempeñan las instituciones en la investigación, aprovechar de las experiencias, de la infraestructura ya creada y vincularse con mayor decisión con los grupos de trabajo interdisciplinarios. Esto le permitirá, ampliar y mejorar la variedad y calidad de sus productos. (Ortiz 2002)

.Además de no contar con un instituto para la investigación de la mecanización en el país, a los centros de investigación y desarrollo de la industria metal-mecánica no les interesa el diseño y desarrollo de nuevas máquinas y equipos agrícolas, salvo raras excepciones. En nuestro país, es de segunda categoría o denigrante hasta para los investigadores cualquier asunto relacionado con el campo, como si no fuera prioridad para cualquier investigador el dedicarse a mejorar la productividad de nuestros agricultores.

Prueba de ello es que en nuestro país existen centros de investigación para todo , menos para la mecanización agrícola , es más importante estudiar las matemáticas , la óptica ,la astrofísica ,etc. que apoyar a la introducción y desarrollo de tecnologías y máquinas que coadyuven con el desarrollo agrícola del país Negrete 2006

En México, se consideran como tareas prioritarias de políticas agropecuarias la modernización de la explotación agrícola y el mejoramiento del estatus social y económico de los habitantes de zonas rurales, a través del aumento de la productividad por el fomento de la mecanización de las labores agrícolas de los productores de pequeña escala. Sin embargo, existe un factor crucial que inhibe la mecanización agrícola; no existe un sistema de investigación para el desarrollo y el mejoramiento de maquinas agrícolas.

El único proyecto al respecto es que realizo en forma conjunta la universidad de Guanajuato y la empresa Tecnomec Agrícola,S.A. de C.V. y se titula "Creación de un centro de investigación y diseño de maquinaria agrícola" , el cual se realizo con apoyo del Consejo nacional de ciencia y tecnología (CONACYT) y funciona dicho centro desde el 15 de Diciembre del 2009 en Aguascalientes, México. en las instalaciones de la empresa ya mencionada. Anónimo 2011.

En Extensión es nula completamente la actividad sobre las máquinas agrícolas en el país.

## Apoyo público a la capacitación de operadores de maquinaria agrícola

En 1958 se crea el Centro de Adiestramiento para Instructores de Maquinaria Agrícola En Chapingo, Mex. y funciono de 1959 a 1972

Así mismo en la década de los setentas se inicio la educación en al área de maquinaria agrícola a nivel bachillerato en algunos planteles del Colegio Nacional de Educación Profesional Técnica (CONALEP) con las carreras terminales de Profesional Técnico en Maquinaria Agrícola y Profesional Técnico en Mantenimiento de Maquinaria Agrícola aunque se cancelaron en 1984 habiendo egresado tan solo dos generaciones, y de algunos Centros de Bachillerato Tecnológico Agropecuario (CEBETas) con los estudios duales de Bachiller Técnico en Maquinaria Agrícola , pero tan mal orientada esta la mentalidad de quienes han sido y hoy en día son responsables de esta situación de falta de profesionistas en este rubro, en la Secretaria de Educación Pública que llegaron al grado de cancelarlas .Y en la actualidad no existen en el nivel medio superior la enseñanza de la maquinaria y la mecanización agrícola.

**Planes gubernamentales de alquiler de maquinaria agrícola para labranza y otras operaciones agrícolas.**

En el país durante algún tiempo en la década de los setenta y hasta fines de los ochentas funciono la paraestatal Servicios Ejidales ,S.A. (SESA) que prestó servicios de alquiler y maquila de trabajos agrícolas ,actualmente en algunos estados del país los gobiernos locales aún prestan este servicio a los agricultores

**-Legislación respecto al porcentaje de contenido de partes nacionales de las armadoras de maquinaria agrícola extranjeras.**

Debido a la importancia que adquiría la importación de tractores agrícolas hasta 1965 , el gobierno federal desarrollo una política cuya finalidad era la integración nacional de los productos que se importaban básicamente para la industria automotriz y que podían producir partes para tractores agrícolas. La secretaría de Industria y Comercio exhortó a los importadores de tractores agrícolas a que presentaran programas de fabricación bajo las siguientes bases:

**a)**.-Alcanzar un 60 % de integración nacional como mínimo en el costo directo de producción

**b)**.-Que las empresas estuvieran dispuestas a tener mayoría de capital mexicano

**c)**.-Que el costo de asistencia técnica que recibieran las empresas extranjeras no fuera superior al 3 % sobre sus ventas netas

**d)**.-Aceptar que los precios de venta al público de los tractores en México , no fueran superiores al 25 % de los correspondientes en el país de origen.

Las cuatro marcas que presentaron programas de fabricación y que satisfacían los requisitos fijados por la Secretaría de Industria y Comercio fueron; en 1966

International Harvester y John Deere , en 1967 se incorporaron Massey Ferguson y Siderúrgica Nacional,S.A.(Gallardo 1977).

Con base en la Ley de Fomento de Industrias Nuevas y Necesarias , se les otorgaron franquicias fiscales a cambio de cumplir con determinados requisitos , sobresaliendo el de mayoría de capital nacional .Este fue satisfecho por John Deere S.A. mediante la adquisición de una parte ; el 25 % por el grupo BANAMEX , quedando el 26 % a disposición de inversionistas nacionales. Las empresas International Harvester y Massey Ferguson, realizaron cada una, convenios con la Secretaria de Hacienda , creando un fideicomiso por la mayoría de sus acciones con empresas financieras mexicanas del sector privado , para ser puesta a la venta al público.

**-Suministro de servicios de Evaluación, Pruebas y Certificación de maquinaria agrícola**

Es hasta 1999 que el gobierno mexicano solicitó al gobierno de Japón una Cooperación Técnica Tipo Proyecto con el fin de introducir y fortalecer un sistema uniforme de pruebas y de evaluación de maquinaria agrícola por parte de una institución oficial. El proyecto tiene el nombre de Centro Nacional de Estandarización de Maquinaria Agrícola, y se operó, durante cinco años en forma conjunta, por la JICA, el Instituto Nacional de Investigaciones Forestales, Agrícolas y Pecuarias (INIFAP), y la Dirección General de Fomento a la Agricultura de la Secretaría de Agricultura, Ganadería, Desarrollo Rural, Pesca y Alimentación. (Takao 1999). Y en el 2004 se creo el OCIMA que es el Organismo de Certificación de Implementos y maquinaria Agrícola. En México aun cuando con el apoyo del Japón se inicio la operación y se tiene en la actualidad en funcionamiento el centro para la prueba de maquinaria Agrícola ( CENEMA) y el OCIMA certifica a tractores y equipos agrícolas ,no es una obligación por ley certificar como la ley de Nebraska que obliga a los fabricantes a certificar a los tractores y maquinas agrícolas .

La sede del OCIMA se ubica en las instalaciones del Campo Experimental Valle de México dependiente del Centro de Investigaciones Regional del Centro; Km 18.5 de la Carretera México-Lechería, Texcoco, Estado de México.

El Organismo de Certificación de Implementos y Maquinaria Agrícola (OCIMA) es el responsable de realizar los trámites requeridos para la expedición de certificados de la maquinaria y equipo agrícola que cumpla con los requisitos especificados en los esquemas de certificación respectivos.

De 2005 a 2011, el OCIMA otorgó 93 certificados para 82 diferentes modelos de tractores. La diferencia entre el número de certificados otorgados y el número de modelos, se debe a que algunos equipos han sido re-certificados. Los equipos certificados fueron ensayados en el laboratorio de pruebas, tomando como referencia la norma NMX-O-169-SCFI-2002 "Tractor agrícola - potencia a la toma de fuerza" y la norma Tractor - Potencia y fuerza de levante hidráulico al enganche a los tres puntos en la capacidad de levante a los 610 mm. NMX-O-207-SCFI-2004. Además de las normas anteriores, el OCIMA certifica estructuras de protección contra volcaduras según la norma NMX-O-181-SCFI-2003 "Tractor agrícola – cabinas y marcos de protección de tractores agrícolas y forestales–especificaciones y método de prueba (prueba estática)". El propósito de la cabina y/o estructura es mantener una zona de protección para el operador en caso de volcaduras.

Actualmente existen 68 modelos de tractores certificados con una potencia a la "toma de fuerza" que va de los 24.6 a los 130 hp o caballos de fuerza (*horse power- hp*, por sus siglas en inglés), lo que equivale a 18.3 kW hasta 96.98 kW (kilowatt) Ayala 2012

3.3 Políticas de mecanización agrícola que hace falta aplicar en el país para el fomento de la misma

**-Legislación sobre la obligación de los fabricantes de mantener un stock durante el promedio de vida útil de la maquinaria agrícola.**

Como ejemplo de lo anterior esta la ley de Nebraska que además de obligar a los fabricantes a probar sus tractores y publicar las pruebas, también debían de tener partes de repuesto. Esta ley impulso la rápida mecanización en Estados Unidos debido a que los agricultores estaban protegidos contra las veleidades de los fabricantes que tenían en fabricación muchos modelos y que no cumplían con las normas de las pruebas y que además no garantizaban la oferta de partes de repuesto.

**-Fomento de la industria nacional de maquinaria agrícola**

Es necesario fomentar esta industria pues según (Ortiz 2002) La rama menos desarrollada de los bienes de capital en México es la de equipo y maquinaria no-eléctrica, y dentro de ésta el sector de la maquinaria agrícola y equipo para la agroindustria es la de menor desarrollo. Lo anterior se debe a:

**1.**-Una producción de tractores e implementos muy fragmentada dentro de un mercado cuyo tamaño y velocidad de expansión no permiten el logro de economías de escala.

**2.**-El uso excesivo de tecnologías y partes importadas que eleva considerablemente los costos de producción.

**3.**-La baja rentabilidad que obtienen los usuarios de la maquinaria agrícola, por falta de conocimientos técnicos sobre su operación, mantenimiento y administración.

**4.**-La escasa o inexistente oferta de equipos e implementos agrícolas diseñados para las condiciones peculiares de muchos cultivos, a falta de desarrollo, innovación o adaptación tecnológica nacional.

Los fabricantes nacionales deben estar conscientes de la necesidad del desarrollo y mejoramiento de las máquinas agrícolas, cuyo objetivo final sea obtener un producto útil y aceptable por el agricultor y que pueda ser fabricado con una ganancia.

Aquí es importante que el gobierno exija a las instituciones de investigación que establezcan el número y calidad de las investigaciones, referentes a la utilización de los implementos agrícolas y sus efectos sobre el medio ambiente de trabajo, y que los resultados puedan aplicarse al desarrollo de una clase o grupo particular de implementos o máquinas.

A partir del 2006 se ha iniciado la importación de tractores de procedencia China de menor potencia que los ensamblados en el país, esto alivia un poco la necesidad de tractores en el agro mexicano.

Otra acción sería Fomentar la creación de la Asociación de Fabricantes y Comerciantes de Maquinaria Agrícola.

La mayor parte de los fabricantes de implementos agrícolas se encuentra en el denominado sector no organizado compuesto por pequeñas empresas que actúan a nivel local y de las que no existen datos sobre sus niveles de producción, ventas, etc. Estas empresas son en muchas ocasiones pequeños talleres que fabrican productos con escaso componente tecnológico, a muy bajo precio, lo que hace muy difícil la entrada a las empresas del sector organizado.

Para tomar el camino del reconocimiento del sector de la fabricación de maquinaria agrícola es necesario una plena participación a través de una organización, y este organismo con representatividad debe poseer las virtudes de generar actividades no solo gremiales sino de capacitación, con completo banco de datos, realizando actividades , con esta fusión se simboliza también la superación de la división entre fabricantes e importadores, carente de sentido en un mercado globalizado , teniendo las siguientes funciones;

Agrupar a los fabricantes de maquinaria agrícola defendiendo sus intereses generales y representándolos ante los organismos públicos y privados.

Fomentar y coordinar la producción y comercialización de los equipos agrícolas y agroindustriales.

Promover y apoyar la investigación, el desarrollo tecnológico y la mejora de la calidad en este sector.

La asociación debe ser sin ánimo de lucro y debe agrupar a sus socios (todos los fabricantes de maquinaria agrícola y sus componentes) con el objetivo de promover la calidad, el desarrollo tecnológico, la formación de sus trabajadores, la aplicación de la normatividad y favorecer la exportación a países terceros.

El gran desafío es preparar a este sector de la economía nacional para que este organizado mirando a que ayude a la agricultura del país a su inserción en el competido mundo globalizado de hoy.

Hecho relevante es el hecho que el Club de Bologna que cuenta con 75 miembros de 40 países de los cinco continentes, promotor de la mecanización agrícola a nivel mundial es patrocinado por UNACOMA La Unión de fabricantes italianos de tractores y máquinas agrícolas .

Lo anterior nos da una idea de lo que puede lograr una asociación de fabricantes comprometida con el desarrollo de su país y debemos tomar ejemplo de que las asociaciones de fabricantes de maquinaria agrícola de otros países le han dado un fuerte impulso a la mecanización de sus respectivas agriculturas para después ya fortalecidas puedan generar divisas exportando sus máquinas agrícolas.

Otra asociación de fabricantes con las mismas inquietudes que la de Italia es la de argentina aunque con menores logros pues no cuenta con miembros tan poderosos como el grupo CNH.

**-Creación del departamento de Maquinaria Agrícola en La secretaria de Agricultura**

A partir del período de Obregón se creo el departamento de Maquinaria Agrícola dependiente de la Secretaria de Agricultura y Fomento, dicho departamento se dedico a traer de Estados Unidos maquinaria agrícola en cantidades importantes, los implementos importados fueron vendidos poco a poco a los agricultores con facilidades de pago y a precios razonables. Las existencias no fueron renovadas, la acción del departamento de maquinaria agrícola se fue apagando progresivamente y cuando fue acordada su extinción, en 1928 ya no le quedaban ya sino funciones de almacenamiento de una pequeña partida de maquinaria, incompleta y en muy mal estado( Gleason 1943) .

Inexplicablemente no ha existido nunca mas el departamento de maquinaria agrícola desde que se extinguió hace más de 83 años, siendo notoria la falta de este aunque fuera para llevar las estadísticas de la existencia del parque tractores y demás maquinaria agrícola, pues es evidente la falta de consenso al respecto. Lo que se narra a continuación.

Para actualizar los datos sobre la tractorización en el país, se confronta un serio problema de falta de datos, teniendo que recurrir a elaborar estimaciones a partir de información incompleta y poco confiable, en el estudio de EVALUACIÓN NACIONAL DEL PROGRAMA de MECANIZACIÓN de 1999 se hace un cálculo aproximado de la evolución del parque de maquinaria, a partir de estimaciones puntuales entre 1982 y 1995 con extrapolación al 2000.

Los datos significativos para esa estimación están contenidos en diversos estudios y diagnósticos, siendo los más relevantes;

1.- En 1982 se tenían en activo 157,964 tractores con una potencia de 6.7 millones de H P con un promedio de 42 HP/tractor.(31.31 kw)

2.-El programa de desarrollo rural integral (PRONARI) estimo para 1988 una necesidad de 19,729 tractores de los cuales 14,572 eran para reposición y 5157 para incrementar el parque.

3.-Según el VII censo nacional agropecuario de 1991 se tenían en el país 177 mil tractores de los cuales 25 mil estaban fuera de servicio, no se indica el grado de deterioro de la maquinaria.

4.-La Secretaria de Agricultura, a través de la coordinación general de delegaciones estimo en 1995 un total de 190,200 tractores activos.

A partir de estos datos, en el estudio de EVALUACIÓN NACIONAL DEL PROGRAMA MECANIZACIÓN 1999 se preparo un posible escenario de evolución del parque, tomando en cuenta el número de tractores aportados por la alianza a través del programa mecanización y una estimación de venta de tractores fuera del programa de la alianza y un deshecho por obsolescencia por haber alcanzado una vida útil teórica de 15 años.

El análisis del escenario permite concluir que, a partir de una frontera agrícola con 24 millones de has, con una superficie mecanizable de 18.6 millones de has, se requerirían del orden de 360 mil tractores, con potencias de 50 a 60 HP (37.28 a 44.74 Kw), si las suposiciones del escenario son válidas , el parque actual tendría del orden de 217,300 tractores activos, lo cual representa el 60 % de las necesidades de mecanización.(Negrete 2006)

Así mismo Aburto en 1984 estimo para 1992 un parque de tractores de 161,052 ,originando para ese año un déficit de 43,778.

El número de tractores en el país fue estimado en 134,205 en 1992 con un promedio de potencia de 60kW (80.4 hp)(.Lara-Lopez 2000).

Así mismo Camarena-Aguilar citado por Lara-López (2000) estimo 200,000 tractores en 1998 con un promedio de potencia de 52.5 kW (70.4). Correa 2002 reporta una existencia de 317,312 tractores.

Reina 2004 Estimo según Faoestat. Para México 324.890 Tractores con un promedio de potencia de 65 kw ( 87 hp) para una superficie de 27.300,000 de has.

Estimaciones de la industria indican que el parque de maquinaria agrícola en 2003 ascendió a 175 mil tractores, los que trabajan una superficie de 18 millones de hectáreas. (Negrete 2006).

En el censo agrícola y ganadero de 2007 se reporta que el país dispone de 238,248 tractores de los cuales el 95.5 % se encontraban funcionando , que son usados en una superficie agrícola de 29.9 millones de has., en la cual de un total de unidades de producción que utilizaron algún tipo de tracción fue de 3 millones 755 mil, de los cuales el 30.4 % utilizo solo tracción mecánica,17.1 % solo animales de trabajo, mientras que el 10.2 % empleo tracción mecánica y animales de trabajo; resalta el número de unidades de producción que utilizaron herramientas manuales para las labores agrícolas que fue del 33.7 %.INEGI 2007.

En 2008 de acuerdo con el centro de investigaciones interdisciplinarias para el desarrollo rural integral (CIIDRI) el mercado mexicano es muy estable y reporta ventas promedio de entre 10 mil y 11 mil tractores anuales desde 1997 con un costo por tractor que fluctúa entre los 16 mil y 60 mil dólares, en todo el país operan 324 mil tractores de todas las marcas. El mercado potencial en el año 2004 oscilo entre 15,000 y 18 mil unidades pero la venta fue de 11 mil ,lo que represento claramente un déficit sobre el total de la producción, actualmente las empresas dedicadas a la fabricación de tractores están produciendo por debajo de su capacidad 90-85 %.Jimenez, et al.2008.

La modernización del campo mexicano va a marcha lenta y/o en reversa. De los 238 mil 830 tractores que hay en México, 54% rebasó su vida útil, dado que el mantenimiento y operación resulta costoso ante el alza de combustibles; además para adquirir una unidad un agricultor necesita en promedio entre 375 mil y 800 mil pesos. Este rezago tecnológico generó que hoy en día en el campo mexicano haya 78 mil 483 tractores menos que hace 20 años. Perea 2011

Esto es cierto ya que en 1991 existían 317,313 tractores ( FaoStat). Pero el dato de los 238,830 tractores es para el 2007 año en que se realizo el Censo Nacional agropecuario, lo que quiere decir que posiblemente la diferencia sea menor pues no hay datos para el 2011.

Algunos tractores "propios" son rentados a otros productores (una o dos veces), por lo que en el país operan 474,104 tractores Ayala 2010.Esta autora considera que al rentarse los tractores se puede tomar como que existen el doble de tractores en el país por dicha situación.

Siendo notorio lo que ya se menciono anteriormente la falta de consenso de los datos, en el censo agrícola del 2007 se determino la cantidad de 238,248 tractores y a finales del año 2008 Jiménez et.al. reportan que en todo el país operan 324 mil tractores de todas las marcas, la diferencia es bastante significativa .

Por ello Negrete 2012 realizo un estudio de la demanda y tendencia del parque de tractores en el país y concluyo que los tractores obsoletos por año son 14,905.La demanda de horas tractor al año es de 780´562,191.5.Entonces considerando un uso anual de 1000 horas la demanda de tractores es de 780,562 .El parque estimado para el 2011 es de 223,526 .Siendo así entonces que el déficit de tractores es de 557,036 unidades.

El parque actual tiende a disminuir en 4,905 tractores al año, a pesar de los aportes,de continuar así, para el año 2015 habrá disminuido en 100,000 tractores por lo que hay que tomar medidas urgentes al respecto.

Lo anterior no pasaría (Negrete 2006) pues sería una de las funciones del departamento de maquinaria agrícola la de establecer un sistema estadístico común para que el sector pueda depender de cifras confiables para sus determinaciones.

Las otras funciones serían

Coordinar las acciones del sector

Propagar el uso y el manejo adecuado de las maquinas agrícolas en el país

Organización de eventos de toda índole para difundir la mecanización agrícola

Coadyuvar a la creación de la asociación de profesionales de la mecanización agrícola para que coopere con el departamento en todas las funciones que le competen.

3.4 Conclusiones

En la política, cuando las reglas son claras y la competencia es abierta y equitativa, los resultados suelen ser positivos y arrojan impactos favorables, por consiguiente las políticas de mecanización agrícola deben ser analizadas profundamente, pues ya ha transcurrido un siglo y esta, sigue como a principios de este, en la mayoría de las unidades de producción agrícolas del país, por consiguiente se deben implantar políticas claras e insertarlas en el plan nacional de desarrollo.

También debe desaparecer la discrepancia entre la política agropecuaria y la política industrial, las cuales deben converger en la política de mecanización agrícola.

Las ramas de uso intensivo de mano de obra y tecnología, en concreto las ramas productoras de bienes de capital, no pueden impulsar la economía, al crecimiento interno y tampoco al crecimiento externo exportador, ya que son grandes consumidoras de insumos importados.

Las condiciones en México no son las idóneas para sostener por más tiempo el modelo de crecimiento basado en las exportaciones; se puede implementar una política industrial que promueva el mercado interno, desde las primeras ramas de actividad económica, proveedoras de insumos básicos, donde se generan la mayor parte de los empleos, se ubican gran cantidad de empresas y se responde de manera rápida y eficiente a los cambios en la composición sectorial de demandas intermedias y finales, con más empleo y más producto.

Solo con estímulos del gobierno (en forma de gasto o de exención de impuestos), se puede lograr que las ramas proveedoras de insumos básicos generen la articulación del tejido industrial y eso, determinará en qué medida la reorientación exportadora de la industria contribuye a la expansión elevada y sostenida de toda la economía, dejando atrás las recurrentes crisis de divisas.

Se debe articular una política tecnológica que considere ambas políticas la industrial y la agrícola pues de ello depende la política de mecanización , ya que no se puede seguir como hasta ahora , en que ambas políticas están y tiene enfoques separados , ya que por elemental perspectiva no se puede hacer pues están muy entrelazadas , y lo que se tiene que hacer es implementar una política tecnológica que considere ambos sectores , para el beneficio de ambos , ya que no puede existir el uno sin el otro como se ha pretendido hasta ahora.

Es decir la política industrial debe orientarse primordialmente a la producción de bienes de capital primordialmente en las siguientes fases;

**1**.- producción de bienes de capital primarios como maquinas herramientas

Con esto se garantiza que las industrial de bienes  de capital de producción será independientes de las fluctuaciones del extranjero como devaluaciones,etc.

**2**.-producción de bienes de capital para las industrias básicas como son la agricultura, la construcción y el transporte pues éstos constituyen la columna vertebral  de la economía del país.

Es decir lo anterior se basa en que es parte de la estrategia para el desarrollo en general de la economía del país ya que por ejemplo la producción de tractores es fundamental para los sectores ya mencionados pues los tractores se pueden usar para la agricultura , la construcción y para el transporte con ligeras modificaciones
Así mismo  al definir una política de desarrollo industrial no se tiene claro que dicha política debe concordar con las políticas agropecuarias pues una depende de la otra es decir están muy interrelacionadas , ya que la agricultura provee de materia prima a cierta parte de la industria principalmente las agroindustrias y viceversa una parte de la industria provee de insumos para la modernización de la agricultura ,la industria metalmecánica provee de equipos mecánico-agrícolas para mejorar la productividad de la agricultura , la industria química provee agroquímicos ;como fertilizantes ,insecticidas ,herbicidas etc.
Las máquinas agrícolas son bienes de capital que aumentan la productividad de la agricultura por considerarse que los bienes de capital tienen la propiedad de ser difusores de progreso tecnológico, pues según Mialhe 1996 en el mundo de los denominados bienes de capital las máquinas agrícolas se diferencian de los demás segmentos por una razón especial; su producto oriundo de procesos metal-mecánicos de fabricación ,constituye elemento fundamental al incremento de la productividad de los sistemas  de producción agrícola. Es decir una política de mecanización agrícola que no este respaldada por una política industrial  y una política agrícola que le den sustento , estará condenada al fracaso , como es lo que ha ocurrido en la mayoría de los países

en desarrollo, a la vez que se condena a los agricultores a que no progresen ,en donde cuando ha existido dicha política la miopía de los que la han elaborado al intentar separar la industria de la agricultura no la llevado muy lejos ,lo primero es entender que no puede existir la una sin la otra., y la mecanización agrícola es consecuencia de ambas.

Finalmente esperar que este trabajo contribuya a que los tomadores de decisiones en el país reconsideren e inicien el estudio para la implantación de una ley de fomento a la mecanización agrícola Negrete 2011.

# 4.-OBSTÁCULOS A LA MECANIZACION AGRÍCOLA EN MÉXICO

## 4.1. Introducción

Este capítulo tiene por objetivo describir las limitantes al cambio tecnológico en la agricultura mexicana, el caso específico de la mecanización agrícola , según varios autores  para la implantación y desarrollo de la misma ,discutiendo y sugiriendo medidas para así coadyuvar a la mejora de la productividad de la agricultura en el país siendo  que, en México es necesario promoverla ,siendo fundamental el análisis de estas limitaciones  para evitarlas al planear las estrategias para que se pueda desarrollar la mecanización agrícola  sin contratiempos , y así  a la brevedad posible los países en desarrollo  como el nuestro puedan disfrutar de sus beneficios y sus agricultores salgan de la pobreza en que se encuentran.

## 4.2. Antecedentes

Según diversos autores son varias las causales de obstaculizar la mecanización agrícola

Diversos factores o variables, podrán indicarse como responsables, para explicar el limitado desarrollo del sector agropecuario mecanizado, entre otros: El suelo, el clima, la actividad (ganadería-agricultura), el cultivo, los costos de maquinaria, el crédito y estímulos, las políticas estatales, la tenencia de la tierra, la violencia e inseguridad en el campo, la escasa investigación, la limitada capacitación, la tecnología disponible y la dependencia tecnológica. Cortez y Aristizábal

Al analizar las dificultades para la mecanización de la agricultura brasileña( NOJIMOTO citado por Nogueira L. C. A.2001) enumero los siguientes factores:

1.-Estructura agraria; como la mecanización agraria ocurrió primero en países donde existían propiedades relativamente grandes y distribuidas equitativamente como en los estados unidos , en Brasil es más difícil que ocurra porque existe gran cantidad de pequeñas propiedades  de baja rentabilidad  y grandes propiedades no exploradas.  Así las pequeñas propiedades  no tienen condiciones técnicas y económicas  de transformar su producción intensiva en mano de obra para una producción mecanizada .

.

2.-Actuación del estado: Las políticas implantadas en los Estados Unidos , dirigidas al mantenimiento de precios y rentabilidad  para el sector rural , o en el Japón , donde , además de sustentar la rentabilidad , el estado apoyo el desenvolvimiento tecnológico del sector , esto tuvo gran influencia en el proceso de mecanización de ese país. En Brasil la actuación estuvo limitada: a la política de producción de máquinas agrícolas para sustituir importaciones , que genero una mecanización parcial (solamente en algunas etapas productivas , como la preparación del suelo ); el crédito subsidiado para incentivar la mecanización , ofrecido a los productores que pudiesen dar garantías , lo que limito la concesión a los  grandes productores , incapaces de absorber toda la capacidad instalada de las industrias ; y la insignificante participación en el desenvolvimiento tecnológico , con bajas inversiones , y falta de actuación en el área de fiscalización de la calidad de las máquinas agrícolas.

3.-Bajos salarios ; aunque la remuneración  se haya elevado en los últimas décadas ,ella se encuentra  muy lejos de la de los países desenvueltos , como los estados unidos , donde es 14 veces mayor que la de los trabajadores del estado brasileño de Sao Paulo , uno de los mas bien remunerados del país.

4.-Productividad; el  desenvolvimiento  tecnológico  de  la  agricultura generalmente provoca la evolución de las tecnologías  ahorradoras de tierra ( fertilizantes , insecticidas , herbicidas y semillas) y de mano de obra (mecanización) , por ser complementarias .Como la productividad en muchos cultivos aun es baja  en Brasil , hay dificultad en la implantación de la mecanización.

Para Aguirre 1969 En México la sobre población  campesina que repercute en los bajos salarios rurales , así como la demanda inelástica y bajos precios agrícolas , han sido los factores limitativos que explican el progreso relativamente lento de la mecanización y aplicación de las innovaciones en la agricultura.

No obstante ser numerosos y de diversa naturaleza , los factores que retardan la mecanización agrícola los podemos clasificar en dos grupos; los que resultan de la escasa utilidad que puede obtenerse de la cooperación  de la máquina en la agricultura y los obstáculos con los que su empleo tropieza,

1.-La escasa cooperación de la máquina.-Esta radica en que no incrementa la velocidad de la producción agrícola , su influencia sobre la duración del ciclo vegetativo es mínima porque si la tierra es removida por una azada o por un arado de discos , o bien que la semilla sea esparcida  a mano o por una sembradora mecánica , en cualquiera de estos casos tardará lo mismo para dar su producción. La lentitud del proceso de producción que constituye uno de los puntos débiles de la agricultura, no ha sido  eliminado pues por la máquina.

Lo aleatorio de la cantidad y calidad tampoco ha sido suprimido. No cabe duda que se ha reducido algo; mediante las labores profundas se permitirá a las plantas una mejor resistencia a las sequías  , las múltiples labores superficiales permiten luchar  mejor contra las malas hierbas, los tratamientos contra los parásitos  tienen probabilidad de destruirlos , pulverizadores perfeccionados facilitan la desinfección ,etc. Pero la agricultura mejor equipada del mundo conoce también las malas cosechas, por ello, nadie ve en la máquina  un procedimientote seguridad universal y eficaz.

La máquina tampoco mejora la calidad y solo aumenta débilmente la productividad de la tierra. Finalmente y sobre todo , la máquina da al productor satisfacciones económicas relativamente restringidas puesto que no rebaja sensiblemente los precios de costo , solo rebaja el precio del trabajo y tan solo en relación a las tasas de salarios que tienden a establecerse  , nunca respecto a las tasas  de salarios practicadas  hasta entonces .Por otra parte la máquina no permite poner en movimiento el mecanismo que resulta tan provechoso al industrial ; como es el aumento de la producción , la baja de los precios de costo , la reducción en los precios de venta , el aumento de salidas ,etc.

2.-Obstáculos para el empleo de la máquina.-Algunos obstáculos son de carácter técnico, otros de carácter económico. De los primeros, diremos que el empleo de la máquina tropieza con dificultades debidas al medio , al personal y a las condiciones en las cuales hay que proceder , a las reparaciones ,y cuando estas han sido superadas , aún queda por resignarse a padecer sus sujeciones de cultivo.

Mientras que la máquina industrial trabaja en un medio que ha sido concebido para ella el taller, la máquina agrícola trabaja en el campo , es decir , en un medio que de ningún modo, ha sido para ella prevista y al cual debe, sin embargo ,adaptarse, suelo ligero o compacto , pendiente débil o fuerte , terreno resbaladizo o que permite la adherencia , otros imperativos para ella ( circunstancia agravante )varían con el tiempo, la sequía, la lluvia ,la helada y la nieve.

Debemos de tener presente que el personal no está preparado para utilizar la mecánica , sus conocimientos son nulos en éste campo donde la tradición no le enseña nada. Aprecia mal las posibilidades exactas de las máquinas que tiende a exigirle demasiado, no sabe conservarla , cuidarla en buen estado, al abrigo de la intemperie.

Los obstáculos que podemos considerar como de carácter económico son los siguientes; el primero y mas grave es el peso de su amortización , la máquina es menos ventajosa en el campo , porque su amortización por unidad de producción es más onerosa. Los factores que se conjugan y que es necesario no confundir , es que la empresa industrial esta especializada , la empresa agrícola por lo general no lo esta por razones que el progreso técnico atenúa tan solo lentamente; la primera necesita sólo una categoría de máquina; la segunda deberá procurarse tantas series de máquinas como producciones diferentes tenga; guadañadora, rastrillo henificador , empacadora para los forrajes ,segadora-atadora, prensa de paja para los cereales, etc.

Wilkins 1966 Así mismo medidas institucionales como el control a las exportaciones ,desequilibró el mercado de la maquinaria agrícola. Ahora planteada la fabricación de tractores y de la maquinaria agrícola , puede si no es bien encausada ,provoca mayores problemas que los ocasionados por el control y en el peor de los casos ser un obstáculo a la mecanización.

Cortez y Aristizabal Diversos factores o variables, podrán indicarse como responsables, para explicar el limitado desarrollo del sector agropecuario mecanizado, entre otros:

El suelo, el clima, la actividad (ganadería-agricultura), el cultivo, los costos de maquinaria, el crédito y estímulos, las políticas estatales, la tenencia de la tierra, la violencia e inseguridad en el campo, la escasa investigación, la limitada capacitación, la tecnología disponible y la dependencia tecnológica.

Gonzáles Gyl 1995 relata que las restricciones para adoptar una política general de mecanización tiene que ver con el tamaño de las unidades de producción lo cual tiene una enorme influencia sobre las posibilidades de alcanzar niveles de mayor intensidad en el uso de la mecanización. Numerosos estudios han demostrado la conveniencia de mecanizar grandes unidades que pequeños predios. Por razones de orden tecnológico y económico , resulta difícil desarrollar equipos con tamaños y precios ajustables a pequeños productores y empresas agrícolas de poca extensión.

Otra grave restricción para la adopción de alternativas mecánicas en los países en desarrollo y especialmente válidos en el caso venezolano , es la relativa al uso indiscriminado y permanente de equipos y técnicas no adecuadas a las condiciones ecológicas de las distintas regiones del país , lo cual lleva aparejados efectos desastrosos sobre los recursos naturales.

En la literatura sobre el tema según OECD 1971 citado por Tort 2011 se acepta la existencia de tres factores que tienden a restringir la mecanización , y los posibles beneficios que ella pudiera acarrear , solo a la pequeña proporción de propietarios o productores agrícolas más poderosos(por el tamaño de sus propiedades y por la importancia de su producción).Estos tres limitantes son; brevemente ,los siguientes:

1.-Acceso rápido y fácil a un crédito con razonables tasas de interés

2.-posibilidades de llevar a cabo un modo de producción extensivo que permita adoptar los equipos más avanzados , desarrollados en los países occidentales(que priorizan la productividad de la mano de obra)

3.-capacidad de disponer y/o contratar personal capacitado para hacer buen uso de los modernos y complejos equipos mecánicos.

Los tres limitantes son superados, u obviados, al mismo tiempo

si se recurre al servicio de contratistas que aportan la maquinaria (puntos 1y 2 ) y el personal para operarlas (puntos tres) Hecho que se llevo a cabo en Argentina Tort 1966.

Bolaños 2000 asimismo concluye que los factores limitantes en nicaragua de la mecanización agrícola son los siguientes clasificándolos así;

Técnicos ; Poca disponibilidad de adopción, falta de asesoría ,disposición de energía , almacenaje

Socioeconómicos; estructura de la comunidad, estructura de la finca ,distribución de la tierra, estándares y normas de calidad ,población , organizaciones y migración.

Ecológicos ; peligros de erosión, suelos inadecuados o escasos ,animales inapropiados ,enfermedades y plagas ,disponibilidad de semillas mejoradas ,disponibilidad de agua.

Institucionales ; disponibilidad de fomento.

Binswanger 1988 Aunque los países y regiones que tienen explotaciones de gran tamaño han estado desde hace mucho tiempo a la vanguardia de la innovación mecánica y hay numerosas pruebas de que en las explotaciones grandes las técnicas mecanizadas se adoptan antes que en las pequeñas. Otra razón por la cual es posible que el tamaño pequeño de las fincas sea un obstáculo a la mecanización menos importante de lo que normalmente se supone es el hecho de que para ciertas operaciones los pequeños agricultores pueden alquilar máquinas grandes en vez de comprarlas.

Elvira-Quezada 1985 menciona que la introducción de tecnología motorizada en pequeñas propiedades agrícolas es restringida principalmente debido a dos factores ; el tamaño de la propiedad y niveles de ingresos.

## 4.3. Discusión

Diversos autores(Nojimoto, Binswanguer,Gonzales Gyl, Tort , Elvira-Quezada) mencionan como el principal limitante el tamaño pequeño de la mayoría de los predios de los países en desarrollo ,lo cual no tiene nada que ver con el progreso de la mecanización agrícola ya que se ha comprobado que en Japón esto no influyo a pesar de tener un tamaño de propiedades agrícolas de menos de 1 ha. y en la actualidad este país es de los más  mecanizados mundialmente ;por ejemplo ocupa el segundo lugar con 2028000 en la cantidad de tractores en el mundo estando  debajo de estados unidos con  4800000 y por encima de la Ex URSS : 1749560 .(Fuente FAO estadísticas 2002)
Esta limitante se elimina primero favoreciendo la importación de  maquinaria adecuada al tamaño de las propiedades predominantes en el país , y también promoviendo el diseño de las mismas para su posterior fabricación localmente.
Ya que como Binswanger 1988 relata que el inventario mundial de maquinaria agrícola indica que hay una enorme gama de tamaños  entre las máquinas que se usan  para prácticamente todo tipo de operación agrícola .Las innovaciones técnicas  han provenido de los países europeos y del Asia oriental, donde las tierras son escasas y los salarios son elevados. En el Japón  la mecanización de la labranza comenzó con pequeños motocultores o tractores de huertas, y en promedio el número de caballos  de fuerza del parque de tractores no ha aumentado mucho con el tiempo.


## 4.4. En México  las  causas  que obstaculizan la mecanización agrícola son :

1.NULA O POCA ACTUACIÓN DEL ESTADO EN los niveles ejecutivo y legislativo ya que falta   un marco legal  que  le de bases  y CONTINUIDAD a las POLÍTICAS de MECANIZACIÓN .
El Estado es factor clave en la aplicación del cambio tecnológico, no sólo por su papel activo en la generación y difusión de tecnología sino también por su responsabilidad en determinar la totalidad del contexto de políticas en las que el uso de tecnología ha de localizarse.

Para lo anterior se debe promover la promulgación de una ley para hacer permanente el fomento a la mecanización agrícola .En los países desarrollados cuentan con leyes que la fomentan .

Como antecedente primordial de lo anterior esta   La ley de pruebas de tractores del estado de Nebraska, aprobada en 1919, especificaba que cada tractor vendido en el estado de Nebraska debía ser probado y los resultados publicados. Además se le exigía al fabricante que mantuviera una cantidad adecuada de partes para reparación.

Estas pruebas lograron reconocimiento mundial y proporcionaron las normas para la clasificación de los tractores, aceleraron las mejoras y eliminaron muchos tipos de tractores que eran inferiores en diseño y rendimiento.

La necesidad de disponer de datos confiables surgió desde los comienzos de la fabricación de los primeros tractores, siendo la promulgación de la ley de Nebraska sobre tractores un instrumento destinado a fomentar la fabricación y la venta de tractores mejorados y a contribuir a un uso más exitoso del tractor en la agricultura. Esta Ley sentó las bases para la homologación de los tractores mediante ensayos llevados a cabo de acuerdo a normas internacionales las cuales se han adaptado progresivamente a los cambios tecnológicos del tractor y requerimientos internacionales.

En MÉXICO AUN CUANDO CON EL APOYO DEL JAPÓN se inicio la operación y se tiene en la actualidad en funcionamiento el   centro para la prueba de maquinaria Agrícola ( CENEMA) y el OCIMA certifica a tractores y equipos agrícolas ,NO ES UNA OBLIGACIÓN POR LEY CERTIFICAR COMO la ley de Nebraska que   obliga a los fabricantes a certificar a los tractores y maquinas agrícolas sino que también debían de tener partes de repuesto. Esta ley  impulso la rápida mecanización en Estados Unidos debido a que los agricultores estaban protegidos contra las veleidades de los fabricantes que tenían en fabricación muchos modelos y que no cumplían con las normas de las pruebas y que además no garantizaban la oferta de partes de repuesto.

Nulo interés del Poder ejecutivo ya que además de no tener una política clara en mecanización agrícola , y cuando la tiene solo ha sido para  ofrecer créditos para compra de maquinas agrícolas desfasadas  en tamaño y potencia para la gran mayoría de los campesinos como ya se demostró anteriormente o subsidiar el combustible .

La prueba irrefutable de la falta de interés es que ni siquiera existe en el país la estructura organizacional básica para la promoción de dicha mecanización como la que a continuación describo.

en la secretaria de agricultura no existe un departamento de MECANIZACIÓN agrícola , que se encargue de establecer un sistema estadístico común para que el sector pueda depender de cifras confiables para sus determinaciones y coordinar las acciones del subsector. Como ya se comento anteriormente en secciones anteriores no existen estadísticas confiables,pues no existe quien las haga, cuando se requieren datos se recurre a estimaciones.

NO EXISTE TAMPOCO UN INSTITUTO DE INVESTIGACIÓN en MECANIZACIÓN AGRÍCOLA

Tan solo se hacen intentos de INVESTIGACIÓN en mecánica agrícola por la Unidad De Ingeniería y Mecanización Agrícola del Instituto Nacional de Investigación Forestal y Agropecuaria y las UNIVERSIDADES que cuentan con docencia a nivel licenciatura y postgrados en MECANIZACIÓN agrícola sin existir un organismo que coordine y dirija estos esfuerzos.

Es un hecho irrefutable que no se han llevado a cabo en el país, en forma sistemática, proyectos de investigación y desarrollo de tecnología mecánica para la agricultura. Existe una coordinación limitada entre las instituciones de investigación y la industria de fabricación de maquinaria agrícola, lo cual ha propiciado que el desarrollo de tecnología mecánico agrícola nacional se encuentre con un bajo nivel tecnológico. La industria debe reconocer el importante papel que desempeñan las instituciones en la investigación, aprovechar de las experiencias, de la infraestructura ya creada y vincularse con mayor decisión con los grupos de trabajo interdisciplinarios. Esto le permitirá, ampliar y mejorar la variedad y calidad de sus productos.(Ortiz ,.2002)

.

Además de no contar con un instituto para la investigación de la mecanización en el país , a los centros de investigación y desarrollo de la industria metal-mecánica no les interesa el diseño y desarrollo de nuevas máquinas y equipos agrícolas. En nuestro país , es de segunda categoría o denigrante hasta para los investigadores cualquier asunto relacionado con el campo , como si no fuera prioridad para cualquier investigador el dedicarse a mejorar la productividad de nuestros agricultores.

Los pequeños países tienden a tener mercados limitados y los países en desarrollo generalmente presentan mercados agrícolas imperfectos debido a su limitada infraestructura, compañías exportadoras monopsónicas o a las intervenciones del gobierno. Estos países no son capaces de generar suficiente demanda para justificar la investigación del sector privado. Por esta razón, la intervención del sector público tendrá que jugar un rol importante en la generación y transferencia de la tecnología mecánica agrícola .

Las necesidades de los productores de bajos recursos son generalmente ignoradas por la investigación del sector privado. Ya sea porque ellos no constituyen una producción suficientemente atractiva para justificar el interés de las asociaciones de productores, o porque sus sistemas de producción son bastante diferentes a los empleados por los grandes productores. Así, el tipo de investigación en los productos que ellos pueden ejecutar no es adecuado para las necesidades de los agricultores de bajos recursos.

Según Cortes Se registra, igualmente, un gran rezago tecnológico en el uso de pequeñas máquinas motorizadas, herramientas y equipos manuales,,que han derivado en sistemas de producción ineficientes y prácticas culturales insostenibles. Se requiere un esfuerzo especial de desarrollo investigativo, para presentar opciones mecanizadas que contribuyan a redimir la difícil situación de los pequeños productores.

La investigación del sector público debe proveer una fuente alternativa y un tipo de tecnología alternativa absorbiendo los costos de dichas investigaciones para la promoción del sector privado .

Las tecnologías mecánicas  siempre han sido lideradas por el sector privado. Los requerimientos de capital, patentes y secretos comerciales han proveído al sector privado cierta ventaja comparativa. El éxito en estas áreas tecnológicas también depende de la vinculación entre el desarrollo tecnológico y las políticas macroeconómicas como la política industrial. Por ejemplo, el desarrollo del tractor y sus partes en Brasil fue colateral a la estrategia nacional de desarrollar una industria de automóviles y camiones. Esta industria comenzó con una adaptación local de maquinaria importada, luego produjo partes y terminó diseñando y produciendo el tractor .

También Hace falta el CONSEJO NACIONAL    DE MECANIZACIÓN AGRÍCOLA   Ya que conviene contar con un organismo consultivo, representado por los sectores público y privado para que asesoren al Secretario de Agricultura en el análisis y evaluación de situaciones coyunturales y estructurales de la mecanización agrícola del país y para que actúe como instrumento de primera instancia en la proposición de políticas relacionadas con el subsector de mecanización así mismo es necesario establecer directrices para adoptar normas a las cuales se debe sujetar toda persona natural o jurídica que se dedique a fa importación, distribución, fabricación, investigación y comercialización de maquinaria, implementos y equipos agrícolas.

*2.-Falta de apoyo DE LAS INSTITUCIONES DE CRÉDITO INTERNACIONAL (El banco MUNDIAL y el fondo monetario INTERNACIONAL) ,para apoyar con créditos para la implementación de programas de mecanización agrícola .*

*La falta de actuación del estado en materia de mecanización agrícola es debida a que LAS INSTITUCIONES DE CRÉDITO INTERNACIONAL (El banco MUNDIAL y el fondo monetario INTERNACIONAL) no coayuvan a que los gobiernos apoyen a la mecanización abiertamente.*

Los programas neoliberales de cambio estructural perseverantemente aplicados en México desde 1983 hasta el presente apegados a las prescripciones del fondo Monetario Internacional y del Banco Mundial, sintetizadas en el consenso de Washington,comprendieron un inopinado y abrupto proceso de liberalización del sector agropecuario ( Calva ,2001) iniciándose desde ese año la severa reducción de la participación del estado en la promoción del desarrollo económico sectorial , siendo así que el gasto público global en fomento agropecuario declino 74.5 % entre 1982 y 1999 afectando partidas estratégicas de investigación , extensión agrícola , sanidad vegetal , etc., y cancelando apoyos específicos , como ocurrió con la supresión del programa de maquinaria agrícola (Calva ,2001).

Obviamente a estas instituciones no les conviene que los países subdesarrollados como el nuestro se mecanicen pues empezarían a desarrollar su industria metalmecánica y detonarían el desarrollo agropecuario e industrial y con el tiempo ya no necesitarían los cuantiosos préstamos cuyos intereses ahogan su economía , ya que estos organismos fueron creados por los países ricos no con el propósito de ayudar a los países pobres sino con el propósito de obstaculizar su crecimiento económico fingiendo ayudarlos pues los préstamos están condicionados a su utilización en donde a ellos les conviene.

Por ello se debe eludir hasta cierto punto, las presiones internacionales, ejercidas por medios financieros, sobre la empresa privada y sobre el gobierno.

El crédito proveniente de Estados Unidos, que es el más importante, no va a financiar la agricultura en México, por la simple y sencilla razón que los Estados Unidos son uno de los más importantes exportadores de productos agrícolas del mundo. Ni los Bancos ni el Gobierno de los E. U ., tiene interés alguno en fomentar la competencia agrícola con México. Para pagar el crédito en dólares, la agricultura mexicana tendría que exportar excedentes, o cuando menos desplazar del mercado nacional a los productos americanos - una actividad que no quieren fomentar los americanos.(Salinas 2005)

3.-. Debate en el medio académico en torno a la mecanización agrícola

*y que se puede resumir en tres según (Binswanger 1988)*

*a.-a los partidarios de una mecanización rápida se les acusa de exagerar sus efectos directos en la producción , o de confundir la mecanización con la modernización o de equiparar la maquinaria y las explotaciones de gran tamaño con la eficiencia.*

*b.-A los críticos que plantean cuestiones relacionadas con el empleo o que señalan que un mayor grado de mecanización puede desplazar a los pequeños agricultores se les acusa de subestimar las nuevas oportunidades que la mecanización podría crear o de no tomar en cuenta su contribución al proceso de industrialización y de condenar a la población pobre de las zonas rurales a una vida de trabajo fatigante y monótona.*

*De todas las tecnologías agrícolas modernas introducidas en los países en desarrollo, la mecanización probablemente ha demostrado la mayor controversia. La mecanización ha sido culpada de exacerbar el desempleo rural y contribuir a otros problemas sociales*

*c.-Los que abogan por la tracción animal pueden verse expuestos al ridículo por querer dar marcha atrás en la historia y preservar una forma de vida que ya ha quedado totalmente desfasada.*

*No se trata, pues, de optar entre tecnología apropiada y tecnología de punta; entre tracción animal y motomecanización sino de avanzar en el mejoramiento de la productividad, sea cual fuere la mecanización utilizada.*

3.- Escasez en el país de mineral de hierro

En México no abunda el mineral de hierro ,solo otros tipo de metales blandos como la plata , el oro , por eso , los pobladores originales de nuestro país ( los aztecas ,los mayas , los toltecas , los olmecas ,etc.) no avanzaron a la siguiente era de los metales y vivían en la edad de piedra , Para construir armas emplearon el vidrio volcánico (obsidiana) . Respecto a los metales, los aztecas conocían los siete elementos de los alquimistas (oro, plata, cobre, estaño, mercurio, plomo y hierro;). Se ha insistido en que sólo trabajaban los metales nativos, o sea que nunca alcanzaron la edad del hierro, cuya técnica de la fundición del hierro, que habían descubierto los hititas hacia el 2.500 a.C., y que se difundió por Europa Oriental hacia el 2.000 a.C. , ya que este metal lo encontraron únicamente en meteoritos. Sin embargo, según Humberto Estrada, citado por Anónimo un hacha hallada en Monte Albán, con 18% de hierro, prueba que tal vez estaban por conocer la tecnología del hierro.

4.-Falta de máquinas y equipos apropiados al tamaño de la mayoría de las propiedades agrícolas del país

Según Ramirez 2007 debido a la estructura agraria del país es inviable la modernización del minifundio con paquetes tecnológicos intensivos en capital, por dos razones fundamentales; primero , la maquinaria agrícola esta diseñada para cultivar grandes extensiones de tierra y permanecería ociosa la mayor parte del ciclo agrícola, así mismo Según Machado 2010 Se sabe que existe una carencia de máquinas e implementos de baja potencia , que son justamente aquellos mas apropiados para su uso en las pequeñas áreas.

Lo anterior debería replantear las políticas públicas a promover en el país,las cuales deberían fomentar la investigación, docencia y desarrollo de maquinaria agrícola congruente al tamaño promedio de las propiedades agrícolas en el país. Negrete 2006

En México se han realizado diseños de tractores de potencia baja acordes a las necesidades de los pequeños agricultores , los cuales no están en posibilidad de adquirir un tractor diseñado para ser rentable en propiedades de mayor tamaño al promedio del país .

En nuestro país según Masera 1990 la superficie para hacer rentable la adquisición de un tractor mediano es de por lo menos de 25 has. Hecho que es corroborado por Lara López quien en un estudio realizado encontró que el punto de equilibrio para un tractor típico armado en México categoría II totalmente dedicado a la maquila de trabajos agrícolas el punto de equilibrio es de 31 Has. Y desgraciadamente en México las propiedades agrícolas tienen un promedio de dimensiones de tamaño pequeño las cuales se mencionan a continuación, menor de 2 has, el 29.5 % , entre 2 y 5 Has el 24.2 %,mas de 5 Has 36.1 %. Lo que indica que los propietarios de 2 has y los que poseen entre 2 y 5 has que suman mas del 50 % de propietarios no tienen la opción de un tractor para mecanizar su producción, pues los tractores de gama baja que son los apropiados para el tamaño de propiedad de los pequeños agricultores, no están disponibles ,y cuando lo están que como ya se describió se importan de otros países lo que encarece su `precio por el tipo de cambio del dólar, además de otros factores. Este hecho hace que el déficit de tractores sea para este tipo de parcelas, pues para las parcelas de mayor tamaño hay suficiente capacidad instalada, y el déficit se podría cubrir fácilmente con créditos blandos a los productores y subsidios al precio de los combustibles , pero para los productores con propiedades de menor tamaño , estas estrategias no tienen repercusión en su actividad pues la capacidad de los tractores ensamblados ni son adquiribles ni son rentables para ellos.

Para remediar dicha situación seria necesaria la intervención gubernamental reactivando la planta de Ciudad Sahágun. Hidalgo que desde 1989 no produce ya tractores y en la actualidad esta abandonada, ahí se podrían producir tractores de diseño nacional y del tamaño adecuado a la mayoría de propiedades agrícolas en el país , como el tractor UNAM , el TractoSEP , y el Motocultor de Alto despeje ;que son diseños de instituciones gubernamentales , el primero del Instituto de Ingeniería de la Universidad Nacional Autónoma de México , el segundo fue un proyecto conjunto entre el centro de Ingeniería y Desarrollo Industrial (CIDESI) de Querétaro ,el Instituto tecnológico de Oaxaca y el Instituto Tecnológico Agropecuario de Oaxaca(ITAO) , y el último de la Facultad de Ingeniería de la Universidad de Guanajuato; en los cuales se ha invertido dinero, tiempo y esfuerzo .

4.5. Consideraciones Finales

Para que el sector Agropecuario de nuestro país realmente pueda salir de la situación actual de baja rentabilidad y pobreza ,es necesario fomentar la mecanización agrícola para aumentar principalmente su productividad , el primer paso es estudiar los obstáculops a esta , para así replantear las acciones a seguir en el futuro en la implantación de las estrategias mas viables y así llegar a un consenso en la toma de decisiones y no seguir cometiendo los errores del pasado.

5.-Proyecto de Ley Nacional de Mecanización Agrícola en México.

## 5.1. Introducción

Se debe promover la promulgación de una LEY DE FOMENTO A LA MECANIZACIÓN AGRÍCOLA

El objetivo principal de la LEY DE FOMENTO A LA MECANIZACIÓN AGRÍCOLA es contribuir al mejoramiento y diseminación de la maquinaria agrícola , en el entendido que esta ayudara al mejoramiento de la producción agrícola. Támbien al fomento de un sistema para la inspección de las maquinas e implementos agrícolas y garantizar su calidad y la seguridad de su uso. Así mismo la ley debe especificar la responsabilidad del gobierno en todos sus niveles. La promulgación e implementación de dicha ley mejorara el comportamiento del desarrollo de la mecanización agrícola ,ya que fomentara el entusiasmo de los campesinos y de las organizaciones productivas al promover la popularización del uso y aplicación de nuevas tecnologías y máquinas agrícolas MIRANDO HACIA EL FUTURO, LA PROMULGACIÓN DE ESTA LEY LE DARA AL PAÍS UN PERSISTENTE , ESTABLE Y RÁPIDO DESARROLLO DE LA MECANIZACIÓN AGRÍCOLA. Ya que como se relato en el capitulo de políticas agrícolas , estas varían de acuerdo el sexenio y gobernante en turno , que las aplican de acuerdo a presiones del exterior como las que una leyenda urbana común en México cuenta que el Tratado de Bucareli prohibió a México de producir maquinaria especializada (motores, aviones, tractores por su semejanza con los tanques, etc.) o maquinaria de precisión, por lo que supuestamente, México no ha salido aún del atraso que dicho tratado le causó. El hecho es que durante el período entre 1910 y 1930, las guerras civiles y los múltiples golpes militares y rebeliones internas devastaron a las industrias en México y frenaron la educación superior, así como la investigación y desarrollo tecnológico, mientras que la inestabilidad social y política ahuyentaron las inversiones extranjeras .

5.2 Antecedentes

El primer antecedente al respecto es la ley  de prueba de tractores  de Nebraska  . la cual  principalmente protege a los consumidores de tractores y equipos agrícolas de los fabricantes que en algunas ocasiones no cumplen con las especificaciones ofrecidas y el servicio adecuado a las máquinas para su correcto funcionamiento.

Esta ley se aprobó por la legislatura del estado de  Nebraska el 13 de marzo de 1919 y esta estipula hacer las  pruebas oficiales  a los  motores  gas, gasolina, kerosene,  destilados, o de otro tipo de combustible líquido a  los tractores en el Estado de Nebraska, y para obligar al mantenimiento de estaciones de servicio adecuado para la misma a  las empresas fabricantes.

Esta ley tuvo su origen en los problemas que  Wilmot F. Crozier  y otros agricultores del estado norteamericano de Nebraska tuvieron al comprar tractores que no le  funcionaron en el aspecto de operación, ya que eran modelos experimentales ,ya que era el principio del uso extensivo de las máquinas en la agricultura , razón por la cual este personaje se dio cuenta que sería necesario que se regulara el comercio de tractores , y a  que los fabricantes se responsabilizaran de las máquinas que fabricaban , y que fueran útiles para los agricultores y que les duraran lo necesario, pues  estas máquinas son un bien de capital necesario para el  progreso de la agricultura y si no cumplen su función pues en lugar de ayudar al progreso estorban.

En 1915 se in iniciaron sin éxito las pruebas de  algunas marcas de tractores pero hasta 1917 la  ASAE (American Society Agricultural Engineers) introdujo el proyecto de ley y se baso  en el código de  procedimientos de prueba establecidos por la  Sociedad de Ingenieros Automotrices.

A pesar de que  la Ohio State University llevó a cabo  algunos ensayos de tractores tirando de arados en  1919, no existían instalaciones para las pruebas y  certificaciones oficialmente. Cuando la Ley de  Nebraska de  prueba tractores entró en vigor el  15 de julio 1919, la Universidad de Nebraska en el Departamento de Ingeniería  agrícola asumió la  responsabilidad de probar todos los tractores vendidos en el estado. Además de las disposiciones para las  pruebas y el mantenimiento de depósitos de piezas  en el estado, la ley establecía que ningún tractor pudo ser legalmente vendido en  el Estado de Nebraska, sin permiso, bajo la amenaza de pena legal.

En general, las normas legislativas que se refieren a los insumos agrícolas suelen tratar su regulación en forma conjunta con el crédito agrícola controlado. En general las legislaciones, de la mayoría de los países en general, prevén créditos controlados para la adquisición de equipos y maquinarias destinadas a la producción agrícola.

En algunos casos, organismos centralizados o autónomos prestan ayuda para la adquisición o mantención del equipamiento o facilitan servicios de equipos agrícolas (Guatemala y Perú). En México, los pequeños agricultores pueden asociarse a entidades para estatales, para adquirir este tipo de equipamiento. FAO

Paraguay Decreto ley no 52

En Paraguay la experiencia aconseja que se estimule en el país la mecanización agrícola para cuyo efecto es necesario que el estado asuma el papel de promotor de la misma mediante la promulgación de una ley que regule las políticas para la realización de este propósito.

Decreto ley no 52 por el cual se crea el servicio de mecanización agrícola en Asunción, Paraguay 20 de diciembre de 1954 como ente autárquico del Estado, para asesorar y promover sobre mecanización agrícola y la aplicación de los modernos sistemas de cultivos con máquinas y control de plagas. Regula sobre la Dirección y Organización del ente, las prestaciones del servicio, del régimen de uso de las maquinarias, entre otras disposiciones.

Ley de promoción de la mecanización Agrícola en Japón 11 de noviembre 1994

1.- PROPÓSITO DE LA LEY

El objetivo de esta ley es contribuir a la mejora y difusión de la maquinaria agrícola, así como la promoción de la producción agrícola y la mejora de la gestión agrícola por el piloto de investigación con premeditación y la promoción del uso práctico de alto rendimiento de la maquinaria agrícola, etc, así como un sistema para la inspección de maquinaria y equipo agrícola y la seguridad de los fondos necesarios y otras medidas.

## 2.- RESUMEN DE LA LEY

El Ministro de Agricultura, Silvicultura y Pesca promoverá mediante el establecimiento de una política básica para introducir maquinaria agrícola de alto rendimiento . (artículos 5-2 a 5-4). Por otra parte, un tipo de inspección se llevará a cabo a fin de contribuir a la promoción de la introducción de maquinaria y equipo agrícola para satisfacer ciertos estándares de desempeño (artículos 6 a 15).

Ley de Promoción de la Mecanización Agrícola en China

Ley que regula el uso y comercio de la maquinaria agrícola se promulgo el Nov.1, 2004. esta ley contiene 35 apartados que envuelven principalmente aspectos de investigación y desarrollo de maquinas agrícolas, control de calidad y expansión del uso y mantenimiento adecuado para cada tipo de máquina , ya que la mecanización agrícola es crucial para acelerar el desarrollo económico en el campo ya que incrementa las ganancias de los campesinos, hecho reconocido por el gobierno chino y que se demuestra su efectividad pues en la actualidad ya se están exportando tractores chinos y todo tipo de maquinas agrícolas a todo el mundo pues no solo se ha elevado la productividad de su agricultura al tecnificarla con maquinas modernas y eficientes sino que su industria del sector se ha desarrollado y ya a pasado al siguiente paso que es la de exportas estas maquinas e implementos. Acelerar el desarrollo de la mecanización agrícola para mejorar las condiciones de vida de los agricultores, mejorar la productividad agrícola, reducir las disparidades urbano-rurales, mejorar el nivel general de la agricultura y las zonas rurales, tenemos que utilizar la "Ley de Promoción" para promover el desarrollo rápido y sano de La mecanización agrícola. En los últimos años, la práctica ha demostrado que el desarrollo rural económico y la prosperidad de los agricultores son inseparables de la mecanización agrícola

Hoy en día, la producción agrícola y la vida rural, se basan en medios mecánicos para mejorar la competitividad de la agricultura, proteger y mejorar la capacidad de producción agrícola, el punto de vista ha sido aceptado por la mayoría de los agricultores.

Concluyendo, es necesario seguir el ejemplo de los países mencionados que han fomentado la promulgación de leyes de mecanización agrícola, aunque hay otros los mencionados son solo algunos , por lo que entre mas se tarde en hacerlo nuestro país mas se retrazara nuestro desarrollo económico.

5.3 Anteproyecto de Ley de Fomento a la Mecanización Agrícola en México.

En esta ley estará contemplada la Creación de una entidad encargada de regular y ejecutar en el país los programas estatales de presentación de servicios de mecanización agrícola dirigidos especialmente a las organizaciones campesinas y a los pequeños y medianos productores, con el fin de impulsar la producción en el sector agropecuario.

Tendrá los siguientes objetivos:
a) Promover, estimular, coordinar y ejecutar las actividades de mecanización agrícola para mejorar el desarrollo agropecuario;
b) Aumentar el nivel de producción agropecuaria, con especial atención el de las organizaciones campesinas y los pequeños y medianos productores, mediante su incorporación a la mecanización agrícola;
c) Contribuir al desarrollo de nuevas regiones mediante mecanización agrícola; y,
d) Colaborar con el Secretaria de Educación, la Secretaria de trabajo y bienestar social y las Universidades Agrarias del país en la enseñanza de mecanización agrícola en todos los niveles y en la capacitación técnica de los productores agropecuarios.

ARTICULO 1
Es obligación de los fabricantes e importadores a probar sus tractores y publicar las pruebas , también debían de tener partes de repuesto, por lo menos durante 10 años a partir de la puesta en comercialización la primera unidad de la máquina o implemento de que se trate, bajo pena de cárcel así

mismo los comercializadores que no exijan del fabricante o importador lo anterior serán acreedores a la misma sanción.

ARTÍCULO 2

Se constituirá el CONSEJO NACIONAL DE MECANIZACIÓN AGRÍCOLA

Ya que conviene contar con un organismo consultivo, representado por los sectores público y privado para que asesoren al Secretario de Agricultura en el análisis y evaluación de situaciones coyunturales y estructurales de la mecanización agrícola del país y para que actúe como instrumento de primera instancia en la proposición de políticas relacionadas con el subsector de mecanización, así mismo es necesario establecer directrices para adoptar normas a las cuales se debe sujetar toda persona natural o jurídica que se dedique a la importación, distribución, fabricación, investigación y comercialización de maquinaria, implementos y equipos agrícolas.

Para el logro de sus objetivos, el CONSEJO NACIONAL DE MECANIZACIÓN AGRÍCOLA, tendrá las siguientes funciones:

:

a. Desempeñarse como órgano de concertación y diálogo en lo relativo a las situaciones, perspectivas, estrategias y evolución de pol í t i c a s de l proc e so de me c ani z a c ión agr í col a .

b. Asesorar al Secretario de Agricultura en la formulación de política general de mecanización agrícola, en lo relativo a Producción, Planificación, Investigación, Capacitación, Fomento, Crédito, Fabricación y Distribución de Máquinas y Equipos.

c. Establecer un sistema estadístico común para que el sector pueda depender de cifras confiables para sus determinaciones.

d. Estudiar, analizar, evaluar y recomendar los planes, programas y proyectos de fomento y desarrollo que el sector de la mecanización agrícola someta a consideración del Consejo, bien sea por iniciativa de sus miembros, o de otras entidades involucradas en el sector de la mecanización

e. Con base en estudios específicos, recomendar al Secretario de Agricultura medidas especiales o reformas a las disposiciones legales pertinentes, a fin de impulsar las actividades de fomento y desarrollo de la mecanización agrícola

f. Analizar y evaluar periódicamente las situaciones estructurales y coyunturales relacionadas con la problemática de la mecanización agrícola del país y recomendar las acciones y ajustes pertinentes.

g. Procurar la coordinación entre las agencias del Estado, los gremios y particulares relacionados con la mecanización agrícola.

h . Recomendar y proponer al Secretario de Agricultura las medidas correctivas que se requieran para mantener, fomentar, renovar y garantizar oportunamente el abastecimiento de bienes de capital para atenderlas necesidades del sector productivo agropecuario.

ARTICULO 3

Creación en la Secretaria de Agricultura de un departamento de MECANIZACIÓN AGRÍCOLA

Que se encargara de

a.-Establecer un sistema estadístico común para que el sector pueda depender de cifras confiables para sus determinaciones y coordinar las acciones del subsector.

b.-Propagar el uso y el conocimiento de maquinas agrícolas en el país.

c.-Organización de eventos de toda índole para difundir la mecanización agrícola.


ARTÍCULO 4

Creación de la ASOCIACIÓN DE FABRICANTES Y COMERCIANTES DE MAQUINARIA AGRÍCOLA


La mayor parte de los fabricantes de implementos agrícolas se encuentra en el denominado sector no organizado compuesto por pequeñas empresas que actúan a nivel local y de las que no existen datos sobre sus niveles de producción, ventas, etc. Estas empresas son en muchas ocasiones pequeños talleres que fabrican productos con escaso componente tecnológico, a muy bajo precio, lo que hace muy difícil la entrada a las empresas del sector organizado.

Para tomar el camino del reconocimiento del sector de la fabricación de maquinaria agrícola es necesario una plena participación a través de una organización , y este organismo con representatividad debe poseer las virtudes de generar actividades no solo gremiales sino de capacitación , con completo banco de datos , realizando actividades , con esta fusión se simboliza también la superación de la división entre fabricantes e importadores, carente de sentido en un mercado globalizado. teniendo las siguientes funciones;

Agrupar a los fabricantes de maquinaria agrícola defendiendo sus intereses generales y representándolos ante los organismos públicos y privados.

Fomentar y coordinar la producción y comercialización de los equipos agrícolas y agroindustriales.

Promover y apoyar la investigación, el desarrollo tecnológico y la mejora de la calidad en este sector.

La asociación debe ser sin ánimo de lucro y debe agrupar a sus socios (todos los fabricantes de maquinaria agrícola y sus componentes) con el objetivo de promover la calidad , el desarrollo tecnológico ,la formación de sus trabajadores , la aplicación de la normatividad y favorecer la exportación a países terceros.El gran desafío es preparar a este sector de la economía nacional para que este organizado mirando a que ayude a la agricultura del país a su inserción en el competido mundo globalizado de hoy.

ARTÍCULO 5

Creación del Instituto Nacional de Mecanización Agrícola

Que será el encargado de la evaluación y prueba de las máquinas agrícolas , la certificación , la investigación, la extensión , la capacitación en mecanización agrícola.

Para lo cual serán adscritos a el él Centro Nacional de Evaluación de Maquinaria Agrícola (CENEMA) y el OCIMA y se creará el Centro de investigación de Maquinaria Agrícola Apoyado por el Instituto de Ingeniería de la UNAM y la Facultad de Ingeniería Mecánica (FIMEE) de la Universidad de Guanajuato que son las que han desarrollado prototipos de tractores la primera y motocultores la segunda , además de otros equipos agrícolas . Así se le dara autonomía y prioridad a las investigaciones tan necesarias al respecto , pues con estos tres organismos le daría más seriedad y continuidad , ya que no dependerían de los Institutos encargados de lo que nos ocupa (el Instituto

Nacional de Investigaciones Forestales ,Agrícolas y Pecuarias. INIFAP y EL Colegio de Postgraduados COLPOS) que han demostrado , a través del tiempo , que su prioridad es todo lo relativo a la producción agropecuaria , menos la mecanización agrícola.

Se restaurara el Caima(Centro de Adiestramiento e Instrucción de Maquinaria Agrícola) para seguir con sus funciones de capacitación de operadores de maquinaría agrícola.

Siendo así que quedará conformado por cuatro instituciones : El CENEMA , EL OCIMA, EL CIMA Y EL CAIMA.

ARTICULO 6

Creación del Registro de Maquinaria Agrícola .

Se establece a los efectos de recopilar el parque de maquinaria agrícola que actúa en el país. En el mismo se recogen las características de las máquinas que se utilizan en la actividad agraria, en especial su potencia acreditada y el equipamiento de dispositivos de seguridad. Este será administrado por el departamento de mecanización y maquinaria agrícola de la secretaria de agricultura.

Máquinas de inscripción en el Registro

a) Tractores agrícolas y forestales de cualquier tipo y categoría.

b) Motocultores.

c) Tractocarros. o tractores de transporte .

d) Máquinas automotrices de cualquier tipo, potencia y peso. e) Máquinas arrastradas de más de 750 kg de masa máxima con carga admisible del vehículo en circulación

f) Remolques agrícolas.

g) Cisternas para el transporte y distribución de líquidos.

h) Equipos de tratamientos fitosanitarios arrastrados o suspendidos, de cualquier capacidad o peso.

i) Equipos de distribución de fertilizantes arrastrados o suspendidos, de cualquier capacidad o peso.

j) Las máquinas no incluidas en algunos de los apartados anteriores, para cuya adquisición se haya concedido un crédito o una subvención oficial.

k) Aquellas máquinas no contempladas anteriormente y que determinen las comunidades autónomas.

Quedan excluidas de la obligación de inscripción en el Registro las máquinas clasificadas como maquinaria de obra y servicios, así como las máquinas y equipos utilizados en la industria agroalimentaria.

5 La maquinaria agrícola se ha de inscribir en el Registro cuando se de uno de los siguientes supuestos: a) Incorporación de maquinaria nueva a la actividad agraria. b) Incorporación de maquinaria usada procedente de otros países. c) Incorporación al sector agrario, procedente de los sectores de obras y servicios. d) Cambio de titularidad (transferencia, herencias, etc.), sin modificación de su uso o destino. e) Alta de máquinas en uso, que no estaban obligadas a estar inscritas en el Registro, en la anterior legislación, como los equipos de aplicación de fitosanitarios y las abonadoras.

la baja de la máquina en el Registro

La baja de una máquina en el Registro es obligatoria, cuando se den alguna de estas circunstancias: a) Que la máquina procedente del sector agrario pase a otros sectores. b) Desguace, achatarramiento o inutilidad de la máquina. c) Cambio de titularidad. d) Que la máquina pase a vehículo histórico. e) Baja temporal, incluida la entrega a empresa comercializadora de maquinaria.

# 6.- Bibliografía

ANÓNIMO.-(2001) *Hecho en México, factible el desarrollo de maquinaria agrícola de alta eficiencia* artículo en internet acceso en enero 2011 http://www.teorema.com.mx/cienciaytecnologia/hecho-en-mexico-factible-el-desarrollo-de-maquinaria-agricola-de-alta-eficiencia/

ANÓNIMO. La Química En México. Un Poco De La Historia C i e n t i f i c a  M e x i c a n a artículo em internet  acceso junio 2006. D i s p o n i b l e  e n http://omega.ilce.edu.mx:3000/sites/ciencia/volumen2/ciencia3/072/htm/sec_5.h tm

ANÓNIMO. (2011)*Destaca Conacyt trabajo de la UG por investigación agrícola*. Artículo en Internet acceso noviembre 2011 http://www.zonafranca.mx/destaca-conacyt-trabajo-de-la-ug-por-investigacion-agricola/

ABURT0 I. S. (1984 ) *.Análisis de Mercado y Perspectivas de los Tractores Agrícolas en México* .tesis licenciatura Facultad de Economía . UNAM México D.F. 1

AGUIRRE A. A. (1969) *Repercusiones Económicas de la Fabricación de Tractores e Implementos Agrícolas en México* . Tesis licenciatura Escuela Nacional de Economía UNAM México D.F

ANNAMALAI, S.J.K. *Long-term Strategies and Programmes for Mechanization of Agriculture in Agro Climatic Zone–XII* : Western Plains and Ghat regions *CIAE Industrial Extension Centre, Coimbatore* documento online acceso 12 de mayo 2012

http://agricoop.nic.in/STUDY%20Mech.%20pdf/06035-04-ACZ12-15052006.pdf

ARISTIZÁBAL T.I.D , CORTÉS ,M.E.A. Mecanización y Producción Agropecuaria

AYALA, G.A.V. Et.Al. *La Certificación De Implementos Y Maquinaria Agrícola En México, Normalización y  Calidad. Folleto Técnico No. 41 INIFAP. Chapingo ,México Noviembre de 2010 Artículo en Internet acceso 13 septiembre  2011* http://www.inifap.gob.mx/circe/ocima/folleto%20ocima.pdf

AYALA, G.A.V.,SCHWENTESIUS R. (2011)" *El mercado de tractores en México ,situación  y perspectivas"* . Agro.revista industrial del campo No.71 año 11 revista bimestral Octubre-Noviembre documento on line http://www.3wmexico.com/s/Agro-71.pdf acceso 14 octubre 2011

68

AYALA,G.A.V. AUDELO B.M.A., ARAGÓN R.A.. EL PROCESO DE CERTIFICACIÓN DE TRACTORES EN MÉXICO .X Congreso Latinoamericano y del Caribe de Ingeniería Agrícola e XLI Congresso Brasileiro de Engenharia Agrícola CLIA/CONBEA 2012 *Londrina - PR, Brasil, 15 a 19 de julho 2012*

BETANCOURT. PA. (2002) *"El Tractor UNAM : Humanidades, Selección de Tecnologías y soberanía Nacional"*,Universidad de México, Revista de la Universidad Nacional Autónoma México No 612, pag.85-86, ISSN 0185-1330.

BINSWANGER P.H.. ,Danovan G. (1988) *Mecanización Agrícola ;Problemas Y Opciones* BANCO MUNDIAL Washington D . C . U S A . d i s p o n i b l e e n http://wwwwds.worldbank.org/servlet/WDSContentServer/WDSP/IB/2003/01/15/ 000178830_98101911213555/Rend ered/INDEX/multi0page.txt acceso 08/04/05

BOLAÑOS, O. M de F, (*2000) El Papel De La Mecanización Agrícola Dentro del Desarrollo Integral de la Sociedad. Elementos Para la Planificación de Estrategias de la Mecanización Agrícola. Un Estudio de Caso . NICARAGUA* doctoral thesis . Kassel university press. Germany.

BISHOP C. (1997) A *Guide to Preparing an Agricultural Mechanization Strategy* Food and Agriculture Organization of the United Nations Rome .Italy.

CADENA, Z.M.,(1997)*"Situación de la mecanización Agrícola en México en. Maquinaria Agrícola ,Antología" . 185 p DGETA, México.*

CONTRERAS P.M.U.(2005)*Globalización y pobreza Rural en México; la Agudización de la Crisis del Campo mexicano luego de la firma del TLCAN.* Tesis Licenciatura Relaciones Internacionales. Universidad de las Américas .Puebla, México.

CALVA L. J.(2001*) El rol de la Agricultura en la Economía Mexicana.* En Estrategias para el Cambio en el Campo Mexicano .Coordinadores,Gomez C.A.M. y Schwentesius R.R. pp.31-52 UACH. Chapingo. México.

CORTÉS,M.E.A., ARISTIZÁBAL T.I.D , *Aportes y Limitaciones de la Mecanización Agrícola al Desarrollo del Sector Agropecuario y Rural* Documento en línea http://www.agro.unalmed.edu.co/departamentos/iagricola/docs/apo rtes_y_limitaciones_mec_agricola.pdf acceso 12/12/2010

CORTÉS ,M.E.A., *Alternativas de Mecanización Para Pequeñas Unidades de Producción Agrícola* documento en línea http://www.agro.unalmed.edu.co/departamentos/iagricola/docs/alte rnativas_de_mecanizacion.pdf acceso 12/12/2010

CLARKE, L.. (1997) *Strategies for Agricultural Mechanization Development.* Food and Agriculture Organization of the United Nations. FAO, Rome, Italy. disponible en http://www.fao.org/ag/AGS/agse/STRATEGY.htm

CLARK L.J. ( 2000): *Agricultural Mechanization Development The Roles of the Private Sector and the Goverment* FAO 2000 documento online acceso 12 de mayo 2012

http://www.fao.org/fileadmin/user_upload/ags/publications/agr_mech_strat.pdf

CLARKE, L. and C. Bishop.( 2002) *"Farm PowerPresent and Future Availability in Developing Countries".*Agricultural Engineering International: the CIGR Journal of Scientific Research and Development. ASAE, Chicago, IL. USA. Vol. IV. October,

DÍAZ M.E..(1976) Evaluación económica del tractor agrícola UNAM. Tesis licenciatura.Facultad de Ingenieria .Universidad Nacional Autónoma de México.México.D.F.

DONOSO J. – STRAT Consulting Situación del sector de maquinaria agrícola en América Latina.Rosario, 6 de Diciembre de 2007 disponible en internet en http://www.programapropymes.com/sp/docs/noticia_09_maq uinaria.pdf acceso en febrero 2010

ESPADAS, A.U. (2005) *Estructura Socioeconómica de México.* Ed. Nueva Imagen.México,D.F.

ELVIRA QUEZADA R.J(1985) The Small Tractor As An Alternative Power Source For the SmallHolder Mechanization Master Science Thesis Silsoe College Cranfield United Kingdom .

EDWARDS G.A.B.(2002) *Innovation In The Farm Tractor World1970-2010 Who Leads? Who Follows?* American Society of Agricultural and Bilógical Engineers St. Joseph, Michigan Paper number 021119, ASAE Annual Meeting

ESTEVA, G.(1982)*La Batalla en el México Rural.* .México,D.F. Edit.Siglo XXI 243p.

FAO *estadísticas 2012* http://www.fao.org/

FONTEH M. F. (2010):*Agricultural mechanization in Mali and Ghana strategies, experiences an lessons for sustained impacts* documento online acceso 12 de mayo 2012

http://www.fao.org/fileadmin/user_upload/ags/publications/K7325e.pdf

FAO-*SAGARPA Informe Nacional Programa Mecanización (*2000).México D.F.

GALLARDO J. S. F.(1977)*Tractor Agrícola y el Mercado Nacional* . tesis licenciatura Facultad de Economía . UNAM México D.F.

GADANHA JÚNIOR, C.D.; Molin, J.p.; Coelho, J.L.D.; Yahn, C.H.; Tomimori,S.M.A.W. (1991)Máquinas e Implementos Agrícolas do Brasil. Instituto de Pesquisas Tecnológicas do Estado de São Paulo. São Paulo: IPT . 468 p.

GOERING C.E.,Marvin,L.S.,Smith ,D.W.,Turnkist ,P.K. Off Road Vehicle Engineering Principles St.Joseph ,Michigan .ASAE

GLEASON,M.A.(2006) "*Maquinaria agrícola* "revista de geografía agrícola enero-junio no.026 Universidad AutónomaChapingo texcoco ,México pp 129-154

GIFFORD. R.C. La *Ingeniería Agrícola en el Desarrollo: formulación de una Estrategia para la Mecanización.* Vol 1 concepto y fundamento boletin de servicios agrícolas de la FAO . 99/1 Roma 1993

GONZÁLES G. F..(1995)*Energía y Mecanización en la agricultura. Caracas. Universidad Central de Venezuela* ..446 p.

Hybel D.(2006 )*Cambios en el Complejo Productivo de Maquinarias Agrícolas 1992-2004* Documento on-line en http://www.inti.gov.ar/pdf/maquinaria_agricola.pdf acceso en febrero 2012

INEGI.Revista del VIII censo Agrícola y Ganadero. Documento online www.inegi.org.mx acceso febrero 2011

Instituto Nacional de Investigaciones Forestales y Agropecuarias pagina web http://www.inifap.mx

JANVRY A. de et al. (1995). *Estrategias para mitigar la pobreza rural en América Latina: Reformas del sector agrícola y el campesinado en México.* San José C.R..Edit. Fondo Internacional de Desarrollo Agrícola:Instituto Interamericano de Cooperación para la agricultura. 454p.

JOHANSEN,H.O.(1957)That Can Do Practically Everything.Popular Science Monthly,March,.Volume 170 No.3

JIMENEZ S.F. FLORES F. SCHWENTESIUS R., MARQUEZ . S.(2009) " *Mecanización del Agro en México"* . Agro.revista industrial del campo No.54 año 8 revista bimestral Dic.08-Enero 09 documento on line http://3wméxico.com/2000agro/revpdf/agro54.pdf acceso febrero 2011

KATHIRESAN, Arumugam *Agricultural Mechanization Strategies for Rwanda* documento online acceso 12 de mayo 2012 http://www.minagri.gov.rw/index.php?option=com_docman&task=doc_view&gid =24&tmpl=component&format=raw&Itemid=37&lang=en

KIENZLE J. sustainable agricultural mechanization strategy formulation ;concept and principles documento online acceso 12 de mayo 2012 http://www.unapcaem.org/Activities%20Files/A1112Rt/FAO_p6.pdf

KNOW ,M.J.(2006) Aplicaçao de técnicas de agricultura de precisao em pequenas propiedades. Dissertaçao mestrado Universidade Federal de Santa Maria.RS.Brasail

LARA L..A..(2000) *"Trends and Requeriments of Mechanization : The case of México".* Proceedings of the 1st Latin-American Meeting of the Club of Bologna, Fortaleza (Brazil), pag. 20-31 .

LARA L..A.(1979)Design and Development of a two wheeled tractor for production by small scale manufacturer in México.Ph.D.Dissertation .University of California .Davis.Cal.USA

LEFFINGWELI,R. (2004)Ford Arm Tractors.Motorbooks International,USA .

LÓPEZ ROUDERGUE, M.A. y Hetz H., E.(1998) *Uso anual que justifica económicamente la propiedad de algunas máquinas agrícolas de alto precio. Agro sur,* jul. , vol.26, no.2, p.44-52.

MASERA, O. C. (1990.) *Crisis y mecanización de la Agricultura Campesina.* México D.F. Edit.El Colegio de México. 226p. ISBN 968-12-0445-X.

MACHADO, A. L.T.; V. dos Reis e T. Machado(2010): *Tratores para Agricultura Familiar guía de referencia,* 124pp.,. Pelotas, R.S.,Brasil, Ed. Universitaria UFPEL

México la industria automotriz. Documento on-line e n www.promexico.gob.mx acceso en febrero 2012

MIALHE, L. G.(1996) *Maquinas agrícolas:ensayos e certificaçao.*Piracicaba,SP;Fundação de Estudos Agrários Luiz de Quiroz.

MILROY ,A.G. (1978)The Evaluation And Development Of Trantor W i t h i n T h e C o n t e x t O f B r i t i s h Agriculture.M.Sc.Thesis.National College of Agricultural Engineering,Silso,England

MONTERO M. El Universal CNC anuncia compra de 25 mil tractores chinos .El Universal Jueves 05 de julio de 2007 http://www.eluniversal.com.mx/index.html

Negrete,J.C.R. Importancia del Diseño Asistido por Computador para el Sector Maquinaria Agrícola en México .Trabajo final especialidad en Diseño y Dibujo por Computadora. .A l y D A .Madrid, España.2004

MIALHE, Luis Geraldo. 1996. *Maquinas Agrícolas Ensayos & Certificaçao*. Piracicaba,S.P.Brasil:Edit. Fundaçao de Estudos Agrarios Luis de Quiroz. 722p. ISBN.85-7133-001-8

NEGRETE J. C.R. Mecanización *Agrícola en México* México,D.F. Edición propia. 123p.2006 ISBN 970-95000-0-7.

NEGRETE J. C.R. Máquinas de transporte y tracción en la Agricultura. Documento inédito.México 2008.

NEGRETE J. C.R. Mecanización del cultivo de la caña de azúcar. Documento inédito.México 2009

NEGRETE J. C.R El tractor del Pueblo. Documento inédito. México 2010

Negrete,J.C.R.Farm Tractor in México,Manufacturing and design.ImagenyColor , .México 2011

Negrete,J.C.R.Derecho a la Técnica Agrícola y ley de mecanización Agrícola.. ImagenyColor México.2011

Negrete,J.C.R Políticas de mecanización agrícola en México .documento on-line acceso 12 diciembre 2011 www.revistacts.net/files/Portafolio/Negrete_EDITADO.pdf

Negrete,J.C. Machado A.L.T.,Machado R.L.T Diseño de Tractores Agrícolas en México. Revista Ciencias Técnicas Agropecuarias, Vol. 21, No. 1, 2012 .documento on-line acceso 3 febrero 2012 http://www.isch.edu.cu/rcta/rcta_1_2012/pdf/rcta03112.pdf

NEGRETE J.C.R.Machado A.L.T, Machado R.L.T, Tractor agrícola en México, fabricación y diseño. Editorial Académica Española. Madrid España.2012

NEGRETE J.C.R. Machado A.L.T, Machado R.L.T, Estrategias y Políticas para la Mecanización de la Agricultura Mexicana. Editorial Académica Española Madrid España.2012

NEGRETE J.C.R. Derecho a la Mecanización Agrícola . Editorial Académica Española .Madrid España.2012

NEGRETE J.C.R. Agricultural Machinery in México. Lambert Academic Publishing.Saarbrücken,Deutchland. 2012.

NEGRETE J.C.R. "LA TRACTORIZACIÓN EN MÉXICO, antecedentes y perspectivas". Agro.revista industrial del campo No.76 documento on line

NEGRETE J.C.R. "LEY DE MECANIZACION AGRÍCOLA,Imperativo para el campo mexicano" Agro.revista industrial del campo No.77 documento on line

NEGRETE J.C.R. "ESTRATEGIAS PARA LA MECANIZACIÓN AGRÍCOLA EN MÉXICO". Agro.revista industrial del campo No.79 documento on line

NOGUEIRA L.C.A.(20019)Mecanizacao na Agricultura Brasileira; una Visao Prospectiva . Caderno de Pesquisas em Administração, , v. 08, nº 4, outubro/dezembro São Paulo , Brasil. Disponible en internet www.ead.fea.usp.b/cadpesq/arquivos/v08n4art7.pdf acceso 12 enero 2006

ORTIZ,L.H., Rossel K.D.(2002) "La Participación de las Instituciones de Investigación y los Fabricantes de Maquinaria Agrícola en un Proceso de Innovación "Ponencia presentada en el 1er Foro Internacional de Mecanización Agrícola y Agroindustrial. Chapingo, México.2002

ORTIZ-CAÑAVATE. (1989)Técnica De La Mecanización Agraria. Ediciones Mundi-Prensa. Madrid España.

ORTIZ-CAÑAVATE.(1995) Las Máquinas Agrícolas Y Su Aplicación. Ediciones Mundi-Prensa. Madrid . España.

OLANREWAJU, S.A.TOYIN FALOLA(1992) Rural development problems in Nigeria .Avebury, Universidad de Michigan,U.S.A. ISBN1856282406, 9781856282406

PARAS Jr Fernando O., Rossana Marie,C. Amongo TECHNOLOGY TRANSFER STRATEGIES FOR SMALL FARM MECHANIZATION TECHNOLOGIES IN THE PHILIPPINES documento online acceso 12 de mayo 2012 http://www.agnet.org/htmlarea_file/library/20110726161100/eb570.pdf

PEREA,E.(2011)Rebasan 54% de tractores en México su vida útil.Artículo en Internet. acceso 14 de noviembre 2011 http://www.imagenagropecuaria.com/articulos.php?id_art=1597&id_sec=25

QUICK, G. R.The Compact Tractor Bible

RAMIREZ V.B, et.al .(2007) *"Tecnología e Implementos Agrícolas: Estudio Longitudinal en una región Campesina de Puebla,México."*Revista de geografía Agrícola enero-junio número 038 universidad autónoma chapingo texcoco méxico pp55-70 .

REINA J.L.C (2 0 0 4 ) *Análisis del parque de Tractores Agrícolas en el Ecuador.* Tesis M.Sc. Universidad de Concepción Chillán Chile. d i s p o n i b l e     e     n     i     n     t     e     r     n     e     t http://152.74.96.144:8080/sdx/udec/tesis/2004/reina_j/html/index-frames.html acceso 8 enero 2006

ROSSEL K.D. ,Ortiz ,L.H .(2002 ) *"Prueba y evaluación de Maquinaria Agrícola"* Ponencia presentada en el Ier Foro Internacional de Mecanización Agrícola y Agroindustrial .Chapingo ,México.

ROSSEL, K. D. ORTIZ, L. H. (2002): "Desarrollo De La Mecanización Agrícola y Transferencia Tecnológica En México", ponencia presentada en el I Foro Internacional de Mecanización Agrícola y Agroindustrial, Chapingo, México.

RASOULI F, H. Sadighi, and S. Minaei *J. Agric. Sci. Technol. (2009): Vol. 11: 39-48* 39 Factors Affecting Agricultural Mechanization: A Case Study on Sunflower Seed Farms in Iran documento online acceso 12 de mayo 2012 http://www.sid.ir/en/VEWSSID/J_pdf/84820090105.pdf

RAMIREZ, V.B,et.al "Tecnología e Implementos Agrícolas: Estudio Longitudinal en una región Campesina de Puebla,México."Revista de geografía Agrícola enero-junio número 038 Universidad Autónoma Chapingo ,Texcoco, México pp55-70 .2007

RIJK A. G. 2012 AGRICULTURAL MECHANIZATION STRATEGY documento online acceso 12 de mayo 2012 http://www.unapcaem.org/publication/CIGR_APCAEM_Website.pdf

Reis ,A.V,Machado,A.L.T,Tillman C.A.daC. ,Moraes,M.L.B.de Motores,Tratores, Combustíveis e Lubricantes.Edit.Ufpel.Brasil.2002

SALCEDO S.1999. Impactos diferenciados de las reformas sobre el agro mexicano: productos, regiones y agentes, Red de Desarrollo Agropecuario Unidad de Desarrollo Agrícola División de Desarrollo Productivo y Empresarial CEPAL, Naciones Unidas. Santiago de Chile .

SINGH G. (2012)*Agricultural Machinery Industry in India (Manufacturing, marketing and mechanization promotion)* documento on line http://agricoop.nic.in/Farm%20Mech.%20PDF/05024-09.pdf acceso 12 de mayo 2012

SOTO, S. M. (1983). *Introducción al Estudio de la Maquinaria Agrícola*. México: Edit.TRILLAS. 259 p. ISBN.9682412269

SALINAS P. H. Causas que han destruido la agricultura en México.2005 Documento en Internet http://www.plata.com.mx/plata/plata/comHSP25.htm Acceso 20 enero 2006

TAKAO, H. (1999 )Proyecto *de Pruebas y Evaluación de Maquinaria Agrícola* Agencia de Cooperación Internacional del Japón. México Disponible en internet en www.japon.org.mx/public/content/jica.pdf acceso 29 de enero 2006

TORT M. I. , MENDIZÁBAL N.La Fuerza de Tracción en la Agricultura Argentina :Maquinaria Agrícola y Estructura Agraria, el Caso de las Zonas Cerealeras Pampeanas 1966 Documento en Internet acceso Enero 2011

WILKINS CH.G. Posibilidades y Limitaciones a la Mecanización Agrícola . Tesis licenciatura Escuela Nacional de Economía UNAM México D.F 1966

ZAAR Miriam-Hermi (2011): LAS POLÍTICAS PÚBLICAS BRASILEÑAS Y LA AGRICULTURA FAMILIAR: QUINCE AÑOS DEL *PROGRAMA NACIONAL DE FORTALECIMENTO DA AGRICULTURA FAMILIAR* (PRONAF) REVISTA ELECTRÓNICA DE GEOGRAFÍA Y CIENCIAS SOCIALES Universidad de Barcelona. Vol. XV, núm. 351, 1 de febrero de 2011 disponible en http://www.ub.edu/geocrit/sn/sn-351.htm acceso junio 2012